青少年成长教育读本

青少年防灾减灾教育知识读本

主编　屈朝霞　张冬生

吉林人民出版社

图书在版编目（CIP）数据

青少年防灾减灾教育知识读本 / 屈朝霞, 张冬生主
编 . -- 长春 : 吉林人民出版社, 2010.12
ISBN 978-7-206-07354-0

Ⅰ.①青… Ⅱ.①屈…②张… Ⅲ.①防灾－青少年
读物 Ⅳ.①X4-49

中国版本图书馆CIP数据核字(2010)第228364号

青少年防灾减灾教育知识读本

QINGSHAONIAN FANGZAIJIANZAI JIAOYU ZHISHI DUBEN

主　　编 : 屈朝霞　张冬生
责任编辑 : 郭雪飞　　　　　　封面设计 : 七　洱
吉林人民出版社出版 发行 (长春市人民大街7548号　邮政编码 : 130022)
印　　刷 : 北京市一鑫印务有限公司
开　　本 : 670mm×950mm　　　1/16
印　　张 : 10　　　　　　字　　数 : 70千字
标准书号 : ISBN 978-7-206-07354-0
版　　次 : 2012年7月第1版　　印　　次 : 2023年6月第3次印刷
定　　价 : 35.00元

如发现印装质量问题,影响阅读,请与出版社联系调换。

《青少年防灾减灾教育知识读本》
编写组名单

主　　编：屈朝霞　张冬生

编写成员：(按姓氏笔画为序)

齐秀强　张　健　时媛媛

祝雪尧　赵　斐　赵　博

徐楚明　韩　婧

前　言

　　人类的生存、繁衍、发展离不开神奇而美丽的大自然以及我们生活的社会。然而，大自然时常也有坏脾气，充满博爱的社会也常有突发事件威胁我们的生命财产安全。

　　大自然给予人类的不总是风调雨顺，也有疯狂的洪水、台风；不总是展示风光旖旎的山峦、海滩，也有破坏力极强的地震、海啸。社会给予我们的不总是温暖的怀抱，也有可怕的火灾、交通事故；不总是慈善的呵护，也有诈骗和偷盗。当这些事件给我们带来危害时，也就构成了灾害。

　　我国是一个灾害多发的国家。2008年5月12日，汶川大地震的噩耗传来，举国哀悼，震灾无情地夺去了五千多名学生的生命。2010年，玉树大地震、吉林特大洪水、甘肃舟曲特大泥石流事件再一次让我们接触到灾害无情的魔爪，上千名学生失去生命。而发生在我们周围的社会灾难也留下了惨痛的教训。2009年6月5日，成都一辆公交车自燃，25个鲜活的生命被熊熊大火所吞噬。这一系列灾难给国人尤其是广大青少年敲响了警钟。

　　青少年正处于长身体、长知识的重要时期。有限的社会阅历和生活经验，加之年轻气盛、安全意识较差，应急演练匮乏，使得他们在面对侵害行为、自然灾害和意外伤害时往往处于被动地位。当面对自然灾害和重大事故时，他们又该怎样沉着而有效地应对？在危难之时，怎样才能既保护自己，又能尽己所能挽救更多的生命和财产？……这一系列问题成为摆在社会各界面前的重要课题。灾害无情，但防之有术。为使肩负祖国未来发展重任的广大青少年增强防灾减灾意识和技能，本书分类介绍了防范自然灾害和社会灾难的基本常识。全书共十四章，各章根据灾害发生的时间顺序从认识、预防、避险和灾后恢复四个方面介绍青少年应对灾害的方式，并配以真实的案例和拓宽视野的课外阅读。同时，本书特别重视灾后青少年心理创伤的恢复工作，结合灾后可能出现的心理和生理反应，附以心理救援疗法帮助青少年调整自我心理，缓解甚至达到消除应激性障碍的目的。

我们编写本书的目的是使广大青少年朋友对一些重大灾害有一个全面而正确的认识，增强居安思危的意识，使大家从案例中了解灾害发生过程，从科学角度学习避险方法，也能从课外阅读中获知灾害背后的故事。本书遵循"以防为主、生命第一"的理念，坚持科学、实用、通俗易懂的编写原则，适合广大青少年朋友作为知识读本阅读学习，也可作为中小学防灾减灾课程教材使用。

本书编写组

目　录

第一篇　自然灾害篇

第二篇　社会灾害篇

第一篇 自然灾害篇

自然灾害是指自然界突发的或渐进的造成人类生命和财产损失的异常现象。它主要包括地震、火山、泥石流、海啸、台风、洪水等突发性灾害，还有臭氧层变化、水体污染、水土流失、酸雨等人类活动导致的环境灾害。面对这些严重的自然灾害，我们有时候可能无法回避，但我们可以通过有效防范来降低人员伤亡和财产损失。肩负着祖国未来发展重任的青少年义不容辞地要加强提高自我防范意识，掌握安全知识，提高自我保护能力，同时还应多做一些防灾演习，熟悉整个逃生过程，具备应对灾难的能力，尽量避免或减少由突发事故造成的伤亡和损失。

第一章　地震

在我国民间流传着这样一个传说：地底下住着一条大鳌鱼，时间长了，大鳌鱼就想翻身，只要大鳌鱼一翻身，大地便颤动起来。这是真的吗？

汶川大地震

2008年5月12日14时28分04秒，8.0级强震猝然袭来。这是新中国成立以来破坏性最强、波及范围最广的一次大地震。地震重创了约50万平方公里的神州大地。截至2009年5月25日10时，共遇难69227人，受伤374643人，失踪17923人。其中，四川省68712名同胞遇难，17921名同胞失踪，5335名学生遇难或失踪。

汶川地震，损失之大，影响之广，举世震惊。经国务院批准，自2009年起，每年5月12日为全国"防灾减灾日"。

1. 你知道地震是怎样形成的吗？
2. 当地震发生时该如何逃生呢？

什么是地震？

地震是指由地球内部的能量突然释放而引起的地球表层振动。随着地壳运动，地球内部积聚了巨大的能量，当这些能量对地表的压力超过岩层所能承受的限度时，岩层便会突然发生断裂或错位，使积累的能量通过岩石层裂缝急剧地释放出来。能量像波纹一样向岩石层断裂处四周传播，就形成了地震。地震本身的大小，用震级表示。

我国地震多发地区有哪些？

我国的地震活动主要分布在五个地区：

（1）东南沿海的广东、福建等地；

（2）华北地区，主要在太行山两侧、汾渭河谷、阴山—燕山一带、山东中部和渤海湾；

（3）西南地区，主要在西藏、四川西部和云南中西部；

（4）西北地区，主要在甘肃河西走廊、青海、宁夏、天山南北麓；

（5）台湾省及其附近海域。

地震有哪些危害？

地震往往带来大范围的地面倾斜、升降和变形以及地面震动，由此造成的地表破坏就是地震的直接灾害。这也是造成人员伤亡、财产受损最直接、最重要的原因。

地震次生灾害是指地震打破自然界原有的平衡状态或社会秩序导致的灾害，如地震引起的火灾、水灾、毒气泄漏等造成的灾害。地震的主要次生灾害有：

（1）建筑物和构筑物的破坏和倒塌；

（2）地面破坏，如地裂、地基沉陷等；

（3）山体等自然物的破坏，如山崩、滑坡、泥石流等；

（4）水体的振荡，如海啸、湖潮等；

（5）地震后还会引发种种社会性灾害，如通信中断、瘟疫与饥荒；

（6）其他，如地光烧伤人畜。

前期防范

地震发生前有什么征兆？

大震发生前往往会出现地下水、动物行为异常现象，也会发生地声、地光等自然现象。留意周围环境，对预测地震具有重要作用。

1. 地下水异常：井水翻花冒泡，忽升忽降，无雨水时变浑、变色、变味。地下水易受环境的影响，发现异常时不要惊慌，要先报告地震部门。

2. 动物异常：多次地震震例表明，动物在震前往往会出现反常行为。下面一首歌谣，讲的就是震前动物前兆：

震前动物有前兆，发现异常要报告；

牛马骡羊不进圈，猪不吃食狗乱咬；

鸭不下水岸上闹，鸡飞上树高声叫；

冰天雪地蛇出洞，老鼠痴呆搬家逃；

兔子竖耳蹦又撞，鱼儿惊慌水面跳；

蜜蜂群迁闹轰轰，鸽子惊飞不回巢。

3. 地声与地光：地声与地光往往结伴出现，都出现在临震前或震时。地声类似于机器轰鸣声、雷声、炮声、狂风呼啸声。地光的颜色多种多样，形状各异，有带状、球状、柱状还有火样光等。

怎样识别地震谣言？

1. 由政府发布的地震预报应完全相信

政府发布的地震监测预报是科技人员通过收集监测到的大量地震异常信息，经过认真仔细综合性的研究，非常慎重地提供给政府决策部门，由政府依据防震减灾有关法律法规发布的，具有科学依据。

2. 以下情况不可信

（1）不是政府正式向社会发布的地震预报。

（2）把地震发生的时间、地点、震级说的非常精确（图1.2）。

（3）说国外"XX专家""XX报纸""XX电台"已经预报了我国要发生地震。

（4）说"XX地震办公室""XX地震局"已发布了地震预

图1.2　青少年不能听信地震谣言

报。

（5）带有封建迷信色彩的地震谣传。

震前青少年应做哪些防范准备？

1. 准备应急用品

依靠平时对突发事件的准备是应对地震灾害最为有效的办法。一般家庭应常备防灾应急包（图1.3），再准备一些逃生用具，如毛毯、便携式炊具、固体燃料等。

2. 协助制定应急计划

（1）掌握居住地、学校周围的疏散通道、宽敞场地、医院、急救中心、消防队所在地；

（2）协助家庭和学校制定不同紧急情景下的各种逃生方案，如正门被堵、楼道无法通行情况下还有哪些备用通道可选，被困

温馨提示

家庭防灾应急包

应急食品两罐、饮用水两罐、蜡烛两根、火柴一盒、手电筒、急救药品、半导体收音机、有加强橡胶指垫的棉线手套一副、亲人联系卡

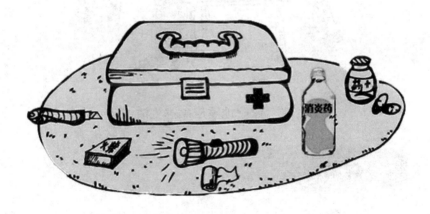

图1.3　家庭防灾应急包

家中如何获得食品、饮用水；

（3）填写个人情况卡（包括血型、家人联系方式等）。

3. 要经常进行地震应急演练

通过地震应急演练，掌握应急避震的正确方法，熟悉紧急疏散的程序和线路，确保在地震来临时最大限度地保证生命安全，特别是减少不必要的非震伤害。同时通过演练活动培养我们听从

指挥、团结互助的品德，提高应急反应能力和自救互救能力（图1.4）。

图1.4　家庭地震应急逃生演练

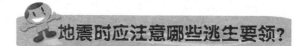

1. 震时保持冷静，伏而待定

地震发生时短时间进入或离开建筑物被砸死砸伤的概率最大。地震发生时如果处于楼房高层或来不及向外逃生，应选择室内避震。但要牢记不可滞留在床上、不可跑向阳台、不可跳楼、不可使用电梯，若在电梯内应尽快离开，若门打不开要抱头蹲下。

处于楼房二层及以下，可及时从门或窗户逃生，离开房屋后选择开阔地避险，远离建筑物和广告牌等高耸物。

2. 因地制宜，就近避震

由于我们所处的环境千差万别，避震方式应具体情况具体分析。如北方农村可以就近躲避于土炕边、条形柜旁，楼房可选择空间狭小区域躲避。暖气管道等承载力强的物体周围是较好的避震地点。

3. 选择生命三角区避险

应尽量躲在厨房、卫生间这样的小房间内。如果来不及转移，可选择蹲伏在坚固家具旁边，但切不可钻到桌子下面。（图1.5）

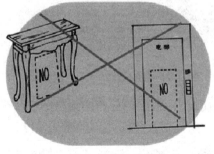

图1.5　正确选择生命三角区域

4. 近水不近火，靠外不靠内

地震来临时，如果身处建筑物内部，不要选择建筑物的中间位置，尽量靠近外墙，但不要躲在窗户下面。尽量靠近水源处，不要接近明火。一旦被困，要设法与外界联系，可有节奏地敲击管道，有条件的可在夜间打开手电筒，要保持镇静，保存体力，不要大声呼喊。

5. 特殊情况下求生要点

遇到火灾或有毒气体泄漏时，趴在地上用湿毛巾捂住口鼻。待摇晃停止后向安全地带转移，转移时要弯腰或匍匐、逆风而行。

除以上原则外，地震发生时还应注意不要顾此失彼地抢救家中财物，短暂的时间内首先要设法保全自己。

为什么地震瞬间不宜夺路而逃？

1. 城市居民多居住在楼房，地震发生瞬间一般来不及逃到楼外，如果往外跑反倒会因楼道倒塌、楼道内拥挤造成踩踏事故。

2. 地震时由于倒塌、物品坠落，进入或离开建筑物时，都可能被砸死砸伤。

3. 地震时房屋摇晃会使门窗变形而打不开，失去躲避求生的时间。

4. 大地震时地面摇晃剧烈，站立和跑动会十分困难。

地震时在不同地点如何逃生？

室外怎样逃生？

1. 降低身体重心，迅速避开街道、人多的地方，选择开阔地带避震。

2. 如果来不及躲避应蹲下或趴下，用随手可利用物品保护头部。

3．避开高大建筑物，如楼房、立交桥上下、高烟囱下。

4．避开危险物或悬挂物，如变压器、电线杆、路灯、广告牌、吊车等。

5．在野外应避开山脚、陡崖，以防山崩、滚石、滑坡等。如果已发生滚石现象，要向滚石前进方向侧面跑。来不及逃离可躲在结实的障碍物后，或蹲在地沟、坎边，特别要保护好头部。

公共场所怎样逃生？

1．听从现场工作人员的指挥，不要慌乱、不要涌向出口，导致被挤倒发生踩踏事故。

2．如果在影剧院、体育馆等人群集中处，应就地蹲下或趴在排椅旁，并用随身物品保护好头部，等地震过后有序撤离。

3．在商场、书店等处，应选择结实的柜台或柱子边、内墙角等地方蹲下。避开玻璃门窗、玻璃橱窗或柜台；避开高大不稳或摆放重物、易碎品的货架。

4．在行驶的汽车内要抓牢扶手，以免摔倒或碰伤。降低重心，躲在座位附近，等地震过后再下车。

家中怎样避震？

地震发生时，如来不及撤离建筑物，要沉着冷静，不要惊慌。地震稍缓时可以逃往小跨度的厕所、小房间、墙角，但切记要远离炉具、煤气管道及易破碎的物品。

在家中还不应钻到柜子或箱子内，一旦钻进去视野受阻，四肢活动不便，不仅会错过逃生机会，也不利于被营救；也不能在窗户、阳台、楼梯、电梯及附近停留。

地震后被压时如何创造条件自救？

地震时如果被困于倒塌的建筑物内，一定要树立生存信心，并设法制造生存空间，千方百计保护好自己。

1. 维持生命。用湿衣服等物捂住口、鼻和头部，防止灰尘呛闷发生窒息。如能找到食品和水，要节约使用，延长生存时间，必要时尿液也能起到解渴作用。如果受伤，要想法包扎，避免流血过多。避开身体上方不结实的倒塌物，用周围可以挪动的物品支撑身体上方的重物，避免进一步塌落，扩大和稳定生存空间。

2. 设法脱离险境。朝着有光亮或更安全宽敞的地方移动，如果找不到脱离险境的通道，尽量保存体力，不要哭喊、急躁和盲目行动，可以用砖、铁管等物敲打墙壁，向外界传递消息。当确定近处有人时，再呼救。

3. 几个人被埋压在一起时，要互相鼓励，共同计划，配合采取脱险行动。

震后在自身脱险情况下如何救人？

地震发生后，应根据震后的实际情况，采取行之有效的施救方法，将被埋压人员从废墟中安全地救出来。

1. 营救过程中，要用轻便的工具进行救援，不可用利器刨挖，切忌生拉硬抬。首先应使被救者的头部暴露出来，清除口鼻内的灰尘，防止窒息，再进行抢救。

2. 对于被埋时间较长的幸存者，应先输送营养液维持生命，然后边挖边支撑，防止建筑物塌陷。挖掘时注意保护幸存者的眼睛。救出后要用深色布料蒙上眼睛，避免强光刺激。伤者应尽可能在现场进行救治，防止伤势恶化，然后迅速送往医院或医疗点进行抢救治疗。

灾后重建

震后青少年应注意哪些事项？

1. 与家人及时取得联系，如果暂时失去联系要向现场指挥人员报告登记。

2. 震后露宿时，要选择干燥、避风、平坦的地方；在山上露宿时，最好选择东南坡。同时注意保暖，如果身体与地面仅隔着薄薄的塑料布和凉席，可能会诱发疾病。

3. 震后不应当去的地方有：破损的建筑物和废墟附近、遗体堆放处、破损的高压线和污水管附近、警报尚未解除的地方、有玻璃窗和广告牌的地方、陡峭的山坡上，也不能急于返回受损的房屋内。

青少年怎样支援灾区？

1. 尽量少往灾区打电话、发短信，给灾区抗震救灾留出救命线，即使要打也应缩短时间。

2. 要相信党和政府，不传播、散布谣言，通过媒体、集体活动来支持灾区人民。

3. 捐款捐物，最方便的通道是通过手机短信向灾区捐款。

4. 在力所能及的情况下参加志愿者行动，为救援灾区提供帮助，但一切行动要听从当地政府部门的安排，切不可冒行。

5. 从细微处鼓励、支持灾民。一个无语的拥抱，一个关切的眼神，一句真诚的问候，都能让灾民感受温暖。

6. 一起祝福。对于大多数人来说，多数青少年都无法到达现场亲自救援，但我们可以通过各种方式为灾区祝福。

震后怎样预防次生灾害？

1. 水灾预防。地震可能会造成大坝崩溃，直接形成洪水，也会因为山体崩塌等堵塞河道形成堰塞湖，垮塌后形成洪水。及时了解震区大坝和堰塞湖的安全通报，得到危险通知后应立即撤离危险地带，避免在河道下游搭建抗震棚。

2. 滑坡、泥石流灾害防范。强烈地震会造成滑坡泥石流，且随时可能发生。震后防范滑坡泥石流，应使临时避灾场所，远离滑坡和泥石流易发区。一旦发现地质灾害隐患时，应立即搬迁与避让。

3. 交通事故预防。震后道路损坏，灾区救援车流大，余震经常发生，交通伤害事故就容易发生。震后搭建防震棚或帐篷时要远离交通要道，预防汽车碾压伤害。

4. 火灾防范。震后应关闭家用煤气，切断家用电器电源，消除火源。在避难场所生火时要远离废墟和易燃物体。当煤气罐、储油罐被损坏，油气泄出时，容易发生中毒和火灾，要立即离开现场，防止火源进入。

5. 有毒物质泄漏防范。地震后应注意远离危险场所，如生产危险品的工厂、易燃易爆品仓库等。如果发现剧毒或易燃气体溢出，细菌、毒气储器破坏，场内人员要尽快撤出。撤离时不要向顺风方向跑，要尽量绕到上风方向去，并尽量用湿毛巾捂住口、鼻。

青少年怎样应对可能出现的不良反应？

不良反应

1. 生理反应：头晕、失眠、做噩梦、疲倦、身体疼痛、心悸、胸闷、恶心、胃肠功能紊乱。

2. 情绪反应：恐惧、悲伤、愤怒、紧张、焦虑、悲观。

3. 认知反应：否认、困惑、犹豫、注意力不集中、记忆力减退、反复回想起地震发生时的场景，甚至总觉得有晃动感。

4. 行为反应：逃避、消极等待、攻击行为、过度依赖他人。

怎样应对这些不良反应？

1. 表达情绪：不要隐藏感觉，试着向亲人、朋友诉说，通过适当的途径发泄，如摔东西、在无人处高喊、哭泣，或拼命跑步，也可以通过享受休闲娱乐或欣赏艺术等方式发泄情绪，如看体育比赛、阅读小说、听音乐、看电影等。

2. 接纳伤痛：伤痛会停留一段时间，这是正常的现象。要允许自己用一段时间来愈合这段伤痛。不要勉强自己去遗忘，只有敞开接纳痛苦的胸怀，才能最大程度地减轻痛苦，合理地管理自己的情绪。

3. 培养积极心态：从灾难中吸取经验教训，鼓起勇气面对生活，保持充足的睡眠与休息，与家人和朋友聚在一起共渡难关。

4. 如果不能自行解决遇到的心理问题时，要找心理医生咨询，以获得专业帮助。

地　光

由于地震活动而产生的发光现象，称之为地光。在临近地震时刻，地光出现比较多，震前和震后一段时间内有时也可以看见。

目前，地光产生的原因尚不完全清楚，人们提出了几种解释：①大地震前地磁、地电场急剧变化，与大气中电离层相互影响而产生；②地下天然气等物质沿地面裂缝冒出，突然自燃而产生的；③由于岩石在大地震前发生急剧破坏，断裂破坏的岩块沿着断裂面互相摩擦，产生热量突然释放的结果。

地光有多种颜色，蓝里发白，像电焊火光颜色的较多，红色、紫红色的也不少，其他如白色、黄色、橙色、绿色的地光都有，有时以笼罩大地的形式，出现的范围很广。史书记载，1652年3月23日安徽霍山地震提到的"丑时地震，自西南起，红光遍地，人畜皆惊"即为此种现象。1975年海城、营口地震中，人们也看到了顶部如圆弧形的地光。在黑夜中照亮大片地区的现象，在部分地区持续了几十秒钟。还有的地光是以条带状的形式划过长空，如1804年11月1日，湖南沅陵的居民看到"红光为匹练，自西而东，没于地"，随后就发生了地震。

一旦发现了地光，必须采取防震避震措施，此时已到了紧要关头。1976年云南龙陵7.4级地震时，有一民兵队长在回家途中突然发现了地光，他立即向全坝子鸣枪报警。结果地震很快发生了，但全坝子村民都跑出了房舍，无一人丧生。

（资料来源：陕西地震科普网）

练一练

请同学们在家中做一次

地震逃生演练

第二章　海啸

　　传说在大西洋上曾经有一个环境美丽、技术先进的岛屿——亚特兰蒂斯。岛上的居民诚实善良，过着无忧无虑富足的生活。然而随着时间的流逝，亚特兰蒂斯人的生活变得越来越腐化，终于激怒了众神。海神波塞顿一夜之间将地震和海啸降临在这里，亚特兰蒂斯最终被大海吞没，从此消失在深不可测的大海之中。海啸是这样发生的吗？

灾情回放

印度洋海啸

2004年12月26日当地时间上午8时，印度尼西亚苏门答腊岛以北印度洋海域发生里氏8.7级强烈地震，并由此引发大规模海啸，波及东南亚和南亚数个国家。这场突如其来的灾难给印尼、斯里兰卡、泰国、印度，马尔代夫等国造成了巨大的人员伤亡和财产损失。统计数据显示，截至2005年1月10日，印度洋大地震和海啸已经造成15.6万人死亡，这是迄今为止死伤最惨重的海啸灾难之一。

（资料来源：新浪网"新闻中心"）

1. 你知道海啸是怎样形成的吗？

2. 当海啸来临时该怎样逃生呢？

什么是海啸？

海啸是一种毁灭性的海浪，通常由海底地震、水下或沿岸山崩以及海底火山爆发引起。海啸在外海时由于水深，波浪起伏较小，不易引起注意，但到达岸边浅水区时，巨大的能量使波浪骤然升高，高度可以达到十几米甚至数十米，就像一座"水墙"，冲上陆地后所向披靡，往往会对生命和财产造成严重损失。

海啸有两种形式：一种是海水反常退潮或河流枯竭，而后海水突然席卷而来，冲向陆地；另一种是海水陡涨，突然形成几十米高的水墙，伴随隆隆巨响涌向海滨陆地，而后海水又骤然退去。

海啸有哪些危害？

1. 巨大的海浪会产生洪涝灾害，冲走波及范围内的人和动物，破坏或推倒建筑物，造成生命、财产的巨大损失。

2. 冲刷山体容易造成滑坡、泥石流等地质灾害。

3. 海啸过后易发生瘟疫等传染性疾病，威胁生命健康。

前期准备与逃生

 沿海地区应对海啸应做哪些准备？

1．经常关注政府或有关部门发布的相关紧急通知信息。

2．检查并及时消除安全隐患，如清理杂物，保持门口、楼道畅通，并协助父母加固住房。

3．摸清学校和家庭周围环境的情况，熟悉附近的避险地点，进行紧急撤离与疏散练习。

4．准备一个家庭应急包，放在便于取到的地方，准备食品和饮料等应急物品。

海啸来袭前会有什么预兆？

海啸发生前都会有一些预兆，下面这些现象是海啸发生前可能出现的预兆：

1．由海洋地震引起的沿海地区地面强烈震动，不久就可能发生海啸。

2．潮汐突然反常涨落，潮汐时间、速度、幅度与日常的潮汐不一致，涨潮的时候比平时涨得高，退潮的时候也比平时退得远。

3．浅海区的海面突然变成白色，在前方出现一道宽长明亮的水墙。

4．位于浅海区的船只突然剧烈地上下颠簸。

5．海岸边突然发出巨大的声响，大批鱼虾等海洋生物在浅滩出现。

温馨提示

　　海水异常退去时，往往把鱼虾等许多海生动物留在浅滩。此时千万不能去捡鱼或看热闹，必须迅速离开海岸，转移到内陆高处。

海啸来临时怎样逃生？

　　1. 地震是海啸最明显的前兆。当发生较强地震时，如果身处海边，需要立即离开海岸，快速转移到地势较高的安全地带避难。海啸登陆时海平面变化明显，如果看到海面后退速度异常快，应立刻撤离到内陆地势较高的地方。

　　2. 当海啸警报响起时，如果正在学校上课，应听从老师和学校管理人员的指挥行动；如果在家里，应召集所有家庭成员一起快速到地势较高的安全地带避难，同时听从当地救灾部门的指示。通过收音机、电视等媒体掌握信息，在没有解除海啸警报之前，勿靠近海岸。

　　3. 如果海啸到来时来不及转移到高地，可以转移到附近坚固的高层饭店，海边低矮的房屋往往经受不住海啸冲击，所以不要躲入此类建筑物。在听到海啸警报后，远离低洼地区是最好的求生手段。

温馨提示

1. 不要因顾及财产损失而丧失逃生时间。

2. 不幸落水时要尽量抓住木板等漂浮物，避免与其他硬物碰撞，不要喝海水。

3. 尽可能向其他落水者靠拢，积极互助，相互鼓励。

海啸过后要注意哪些事项？

遭受海啸袭击后防疫任务极为艰巨。通常大灾过后伤寒、痢疾和肝炎等通过水传播的疫病极易快速传播。此外急性呼吸道感染的可能性也大大增加。海啸后的五大挑战是：饮用水匮乏、卫生状况差、食物紧缺、缺少临时住所及流行病传播。青少年要做好灾后防病工作：

1. 要注意饮食，喝开水或洁净饮用水、吃熟食；

2. 要及时清理灾后垃圾；

3. 要配合有关部门做好环境消毒和灭蝇、灭蚊、灭鼠工作；

4. 要保持环境卫生，严防疾病发生和流行。

课外阅读

印度洋海啸中的幸存故事

一个名叫蒂莉的小女孩正与家人一起享受美妙的阳光和沙滩。突然，她发觉海水有些不对劲，变得有些古怪，冒着气泡，潮水突然退下去了，而这正好和地理老师曾经讲过的关于地震及地震如何引发海啸的知识符合。于是她就告诉了妈妈。蒂莉的警觉得到了大家的重视，整个海滩和附近饭店的人们在海啸袭至岸上前都及时撤离了。因为小蒂莉的一句警告，海滩上没有一人伤亡。这个小女孩被赞誉为"海滩天使"。

"海水突然退潮，就可能有海啸来临"这一判断，不只拯救了小蒂莉和她的朋友们。

在泰国，有一群渔民，被称作"摩根海流浪者"。很少有人比这些"流浪者"与大海的关系更密切，他们整个雨季都在海上航行。这些渔民中有个世代流传下来的传说："如果海水退去的速度很快，那么它再次出现时的数量会和消失时一样多。"

12月26日，海啸即将到来时，"摩根海流浪者"们发现，海水迅速地向地平线退去，海岸上的许多人纷纷奔向大海捡拾那些被遗留在沙滩上的鱼，而牢记老人传说的"摩根海流浪者"则向山顶出发了。结果是，泰国南素林岛上一个渔村里181名"摩根海流浪者"全部逃到高山上的一座庙中，躲过了这场劫难。

海啸，也使斯里兰卡失去了3万多人，然而就在离海岸3公里远的亚拉国家公园，却发生了生命奇迹。在这座斯里兰卡最大的野生动物保护区里，生活着几百头野生大象和一些美洲豹。海啸引发的洪水使亚拉国家公园所在的东南部地区一片狼藉，但在公园里，却没有发现一具野生动物尸体。因为早在海啸前，大象、美洲豹及其他所有动物就早早迁移到安全的高处了。

（资料来源：中国青年）

第三章 台风

　　古希腊神话中有一个长着一百个龙头的魔物，叫泰丰（Typhoon）。他挑战万神之王宙斯的权威失败后，从身上生出无数股狂飙（台风），专门破坏往来的海船。这是台风产生的原因吗？

灾情回放

莫拉克台风

2009年8月，台风莫拉克袭击我国。所到之处，狂风肆虐，暴雨大作，良田沦为池沼，房屋变成废墟，基础设施遭到严重的损坏。这次台风造成全台湾461人死亡，192人失踪，46人受伤。农林渔牧损失累计新台币145亿8978万元。其中，农作物损失44亿余元，农林渔牧设备损失42亿余元，渔产损失41亿余元。

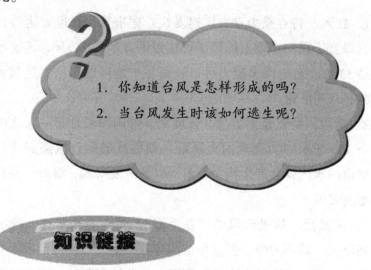

1. 你知道台风是怎样形成的吗？
2. 当台风发生时该如何逃生呢？

知识链接

什么是台风？

在热带或副热带的海洋上，太阳强烈辐射使海洋表面气温升高，空气受热膨胀上升，造成近洋面气压降低。于是，外围空气源源不断地补充流入，而后又上升。海面广阔平坦，气流循环不断扩大，直径可达数公里。受地转偏向力的影响，气流旋转运动并最终形成台风。

台风蕴含着极其巨大的能量，一个中等强度的台风所释放的能量为10的十九次方焦耳，相当于上百颗氢弹释放能量的总和。据统计，1947至1980年间全球发生的十种主要自然灾害中，由台风造成的死亡人数为49.9万人，占全球自然灾害死亡总人数的41%。

台风有哪些危害？

1. 狂风。特点是力量大、速度快。据推算，当风力达到12级时，垂直于风向平面上的风压可达每平方米230公斤，速度可达每秒33米。它的巨大威力可以轻而易举地摧毁房屋、拔起大树，掀翻万吨巨轮。

2. 暴雨。特点是雨势急、强度大。降雨中心地带一天之内可降下100毫米~300毫米的大暴雨。如果减弱的台风遇到冷空气，携带的水汽就会产生特大暴雨，容易引发洪水、滑坡、泥石流等地质灾害。

3. 风暴潮。这是台风的"杀手锏"，特点是来势猛、速度快、强度大、破坏力强，但杀伤范围有限，受灾地区为台风影响到的沿海地带。主要是由大风和高潮水位共同引起的，造成局部地区猛烈增水涨水，酿成重大洪涝灾害。

台风预警有几种？

发布的灾害性台风预警信号有蓝色、黄色、橙色和红色四级：

1. 蓝色预警。表示24小时内可能受台风影响，平均风力6级~7级。接到蓝色预警信号的地区应加固门窗、棚架，妥善安置室外物品。

2. 黄色预警。表示24小时内可能受台风影响，平均风力8级~9级。接到黄色预警信号的地区应停止高空作业，船只回港避风，危房中的居民立即转移。

3. 橙色预警。表示12小时内受台风影响，平均风力为10级–11级。接到橙色预警信号的地区要进入紧急防风状态，建议中小学停课，居民切勿随意外出。

4. 红色预警。表示6小时内会受到台风影响，平均风力为12级以上。接到红色预警信号的地区必须进入特别紧急防风状态，停止一切户外活动，必要时要转移到安全地带。

我国台风的多发季节和影响地区有哪些？

我国每年5月份到9月份，为台风多发季节。台风影响地区与台风移动路径密切相关，不同类型的台风影响我国不同地区。

1. 西进型台风在菲律宾以东海面生成，一直向西移动，经我国南海，在华南沿海和海南岛、越南沿海一带登陆。这条路径的台风对我国华南地区影响较大。

2. 登陆型台风自菲律宾以东海面向西北方向移动，横穿我国台湾和台湾海峡，在闽粤一带登陆；或者穿过琉球群岛，在江浙沿海登陆。这条路径的台风常常侵袭我国大陆，对华东、华南均有很大的影响。

3. 抛物线型台风在菲律宾以东海面先向西北方向移动，再转向东北，呈抛物线状，是最多见的路径。如果台风在近海转向，在北上的后期折向西北方，就会在我国辽鲁沿海地区登陆。

在台风来临之前，气象部门会根据台风的强度、登陆时间和影响程度发布台风警报，指导开展防御台风的工作。

1. 通过广播、电视、报纸、气象预报等正规渠道了解台风的最新动态，不要听信谣言。青少年如果得知台风警报，要第一时间告诉家人和邻居，提醒大家做好防范台风的应急准备。

2. 要尽快回家，不要到海滩游泳，更不要随船出海旅行或捕鱼。

3. 要及早撤离至安全地带，防止海水倒灌及水灾发生。如果是危房旧房，也应马上转移避险，防止房屋倒塌造成人员伤亡。

4. 检查屋顶、门窗是否坚固；检查电路、炉火、煤气等设施是否安全；四周的水沟要清理干净，确保通畅；将养在室外的动植物和其他物品移至室内。

5. 准备好蜡烛、手电筒、收音机、食物、饮用水和常用药品等，防备断电停水和意外受伤。

6. 台风将要侵袭时，如果农作物已经成熟，则要督促家人抢收，还要及时加固塑料大棚等农业设施，以减轻损失；海产、水产养殖业也要注意抢收和防护。

台风临近时怎样应对？

1. 不要站在窗口或靠近迎风窗户，以免被强风吹破的窗玻璃片划伤；如果打雷，应停止看电视、用电脑，切断各类电器电源，防止雷击或触电事故。

2. 尽量不要外出，以防发生事故。当不得不外出时，要穿颜色鲜艳、紧身合体的衣裤，不能顺风跑，以免停不下来被风刮走。要紧缩身体、低姿前进，尽快寻找避风处，特别要注意空中落下物和飞来物的袭击，如被刮飞的广告牌、铁皮、建材、电线等。要注意避开高压线和可能倒塌的建筑物、大树等物体，要避免在河、湖、海的岸堤或桥上行走，防止被卷入水中。

3. 不要在狂风和暴雨中强行行车，驾车要慢行，集中注意力，牢牢把握方向盘，沉着操作，避免超车。如果风暴太强时，要将汽车停在地基结实、平坦、排水良好的避风地方，以避免行车中由于把握不住方向盘，发生冲撞或打滑事故。

4. 强风过后，如果短时间内风停雨歇、天空晴朗，也不要急于到室外活动，应继续留在家中，因为可能是台风眼刚经过，数十分钟后暴风雨会再度袭来，破坏程度可能更大，不能掉以轻心。

5. 携带好应急物品与身边人一同撤离到安全地带。如果来不及撤离，应躲在坚固的房屋内，关好窗门。

台风过后怎么办？

1. 应尽快向家人报平安。

2．及时了解家人、邻居以及同学的生命安全及财产损失状况，并查看房屋、水电设施的损坏情况。

3．督促家人做好消毒防疫工作，清除污秽杂物，喷洒消毒药剂，以防瘟疫发生。

4．不可用手触摸断落的电线，应立即通知电力公司处理。

5．如果发现有人受伤，请拨打120。有灾害损失时，应报告给政府部门。

6．齐心协力做好灾后清理杂物、安抚亲朋好友、疏通道路等恢复工作。

课外阅读

台风命名趣谈

中国在古代把台风称为飓风。公元五世纪，沈怀远在其《南越志》中曾写道："熙安多飓风，飓者，其四方之风也，一曰飓风，言怖惧也，常以六七月兴"。至于为什么改叫台风，有多种猜测。一种说法是古人不清楚台风的起源，认为台风自台湾而来，所以叫台风；另一种说法是台风来自广东话，在广东话中台风是"大风"的谐音；还有一种说法是台风是英文"Typhoon"的谐音，"Typhoon"一词于16世纪初最早出现在法国词典中，后来被收录到英文字典中，再后来就传到了中国。

全球大洋平均每年生成50多个台风（飓风）。其中，6到9月份是北半球的台风高发时节，此时海洋上可能同时出现多个台风，为了方便识别，我们便给它们取上名字。据说给台风命名始于20世纪初的一个澳大利亚预报员，他以自己不喜欢的政治人物来命名台风，借此公开戏称他。

我们在给台风命名的同时，还给予它一个四位数字的编号。编号中前两位为年份，后两位为热带风暴在该年生成的顺序。例如，云娜，编号0414，表示它是2004年第14号台风。

（资料来源：中国天气网）

第四章　洪水

在西方神话中，有这样一个传说：上帝看到人类无休止的相互厮杀、争斗、掠夺，非常后悔造人，决定用洪水将一切生物从地球上消灭，只有本分的诺亚一家在上帝面前蒙恩。于是，神充满恩典地挑选了诺亚一家和各种动物重建家园，命令他建造一艘巨大的方舟，在洪水来临前将家人和动物转移到船上避免灾难。就这样，诺亚全家和方舟里的动物开始在劫后的大地上繁衍生息。这个洪水传说流传至今。

灾情回放

吉林大洪水

2010年入汛以来，吉林省连续遭遇7场强降雨过程，省内大部分地区发生大洪水。暴雨引发的洪灾导致吉林、通化等多个地区的城乡村镇被淹。省内第二松花江、东辽河、饮马河等主要江河也相继发生大洪水，其中松花江流域无论是洪水量级还是受灾程度均超过了95年和98年洪水，省内丰满、白山、石头口门等15座大型水库（水电站），黄河等63座中型水库出现了超汛限水位，吉林永吉更是遭遇1600年不遇的特大洪水，有150万人受灾。

（资料来源：吉林新闻网）

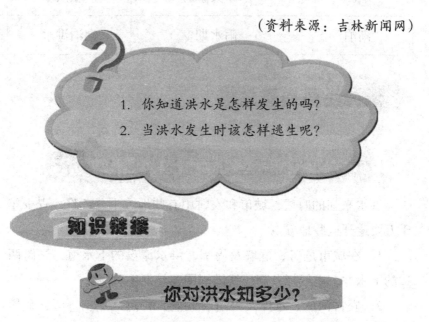

1. 你知道洪水是怎样发生的吗？

2. 当洪水发生时该怎样逃生呢？

知识链接

你对洪水知多少？

洪水是指江河水流量迅猛增加、水位急剧上涨的自然现象。

大洪水会溢出河坝或者冲毁大堤，淹没周边地区甚至更广阔的区域，造成生命和财产的重大损失。但并不是所有的洪水都是灾难性的，如尼罗河洪水定期泛滥给下游三角洲带来了大量肥沃的泥沙，当地的农业生产得到极大的保障。一般来说，洪水的空间、时间分布及性质具有如下特点：

地点	时间	特征名称
中纬度地带	雨水期	雨水洪水
山区溪沟	雨水期	山洪
高纬度地区	春季气温大幅度升高时	融雪洪水
水库	水库失事时	溃坝洪水
湖泊	雨水期	湖泊洪水

洪灾防范与逃生

洪水来临时哪些地方是危险地带？

洪水来临的时候，城市和农村中有些地方十分危险，青少年千万要避开这些地方。

1. 在城市危房、危墙及周围，洪水淹没的下水道，马路两边的下水井，电线杆及高压线塔周围容易发生危险。

2. 农村河床、水库及渠道、涵洞，行洪区、围垦区，危房中、危墙下均属于危险地区。

 ## 汛期到来要做哪些准备工作?

1. 密切关注天气状况

汛期到来尤其是暴雨来临时,应及时收听、收看气象部门通过电视、广播、报刊等媒体发布的气象预报。或者利用通信工具,拨打气象声讯服务电话,及时了解当地可能出现的各种天气变化。

2. 储备物资

(1)准备一台无线电收音机,随时收听、了解相关信息。

(2)准备大量的饮用水,多备罐装果汁和保质期长的食品,并捆扎密封,以防发霉变质。

(3)准备保暖的衣物和治疗感冒、痢疾、皮肤感染的药品。

(4)准备可以用作通信联络的物品,如手电筒、蜡烛、打火机等,并准备颜色鲜艳的衣物、旗帜、哨子等,以备在紧急情况下发求救信号。

(5)提醒父母将汽车加满油,保证随时可以开动。

(6)准备有浮力的物品,如大水桶、木头和木板等。如果有条件,应配备救生衣、木筏等救生设施。

3. 加固防洪设施

配合身边的人做好房屋、校舍、道路、水电设备、防洪大坝等设施的检查、加固和疏通工作,并配合有关部门做好安全撤离转移工作。

4. 提高认识

要充分认识洪水的危险,不要围观看热闹,尤其不要在危险的桥梁上观望水势,由于洪水流向很不稳定,在风浪作用下,很容易将岸边的人卷入水中。

被洪水围困怎样逃生？

青少年应该在洪水来临之前及时转移到安全地带，如果来不及转移被洪水围困，也不要慌张，掌握以下应急求生技能，就能获得救援，脱离险境。

 ### 被困在建筑物中

（1）不要在危房中停留或躲避，要迅速撤离，寻找安全坚固场所，避免落入水中。

（2）呆在坚固的建筑物或屋顶不动，等水停止上涨再逃离，除非这些地点有被冲垮的危险。

（3）利用通信设施、鲜艳物体、手电筒及火光发出求救信号。当发现救援人员时，应及时呼喊或挥动鲜艳的衣物、红领巾等物品，以便获得救援。

 ### 被困在公交车中

（1）设法打开车门，不要拥挤，防止踩踏事故发生。

（2）若水流湍急，为防止被冲倒，乘客可互相拉手组成人墙。

（3）打不开车门时，用车上的工具，如橇杠、锤子、钳子等敲碎玻璃，从车窗逃生。

 ### 驾车遇到洪水

如果同父母驾车出行，则应该提醒父母要观察道路情况，小心驾驶。不要穿越被水淹没的公路，这样做往往会被上涨的水困住。若车在水中熄火，应立即弃车逃生。

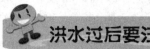

洪水过后要注意哪些问题？

1. 不要惊慌，听从政府部门的安排，有秩序地开展灾后恢复工作，青少年可以做力所能及的救助事宜。

2. 首次洪水可能冲毁了防洪设施，堵塞河道，强降雨可能再次引发洪水，关注天气变化情况。同时注意滑坡、泥石流等次生灾害的发生。

3. 注意饮食、饮水卫生，吃新鲜饭菜，不喝生水。溺死的畜、禽类肉不能食用。

4. 保持室内外环境卫生，定期定时进行消毒。

5. 及时接种疫苗，发现传染病人要及时进行隔离。

6. 在险情未解除前不得擅自离开救援人员指定的安全地带。

大洪水的传说

几乎世界各地的神话，都谈到远古时代曾有一段时间发生过特大洪水。内容大都说神因为人类犯罪，所以降大洪水来消灭人类。

 苏美人的传说

苏美人是公元前3000年前中东地区的古老民族，他们的楔形文字的泥板上记载着远古时代地球曾经发生一场惊天动地的大洪水：遥远的年代，地球上人烟十分稠密，整个世界充满噪音，如同野牛吼叫，吵得天神不能成眠。于是众神决定消灭人类。水神怜悯世人，他来到王宫告诉国王：人间即将发生一场大灾难，他得赶紧建造一艘船，保全一家人的性命。国王不敢怠慢，立刻动手建造一艘大船，并把全部物品搬到船上，将所有生物的种子贮存在船舱里。一家大小上船后，再把牛马、其他牲畜及各行各业的工匠带到船上。那个日子终于来临了，雨一连下了六天六夜，暴风和洪水同时发威咆哮，波涛汹涌，淹没整个世界。第七天黎明，暴风雨终于平息，海面逐渐恢复宁静，洪水开始消退。国王打开鸟笼放出一只鸽子，在水面上盘旋了一会，找不到可以栖息的树木，飞回船上。国王又放出一只燕子，它也找不到落脚的地方，只好飞回来。国王再放出一只乌鸦，它看见洪水已经消退，高兴得啼叫起来，四处飞翔觅食，转眼消失无踪。

 中国传说中的大洪水

天神共工和祝融大战。共工兵败，就一头撞向不周山，谁知不周山是撑天的柱子，经共工一撞便断了，于是半边天塌下来，天上露出大洞，大地也裂成沟痕，洪水从地底喷涌而出，滚滚浪花泻满大地，一片汪洋，人类在此情况中已无法生存。造人的女娲眼见此惨烈灾祸，便炼五色石用来补苍天，断了大鳖的四脚当柱子用来撑起四方，杀黑龙以救助冀州，堆积芦灰用以止住大水。苍天补好，四方也正了，大水干竭，天地才算又奠定了，谨慎善良的人得以存活。

此外，印度、巴比伦、美洲印第安部落和希腊的神话传说中，都有类似的洪水传说。

(资料来源：豆丁网)

第五章 滑坡 泥石流

  大多数青少年对滑坡、泥石流都比较陌生，对其认识、了解和防范还很少，难以找到全面而客观的应对之策。如何全面认识滑坡、泥石流，如何有效地防范成为摆在广大青少年面前的重要课题。

舟曲泥石流

2010年8月7日22时许，甘南藏族自治州舟曲县突降强降雨，舟曲县城北面的罗家峪、三眼峪泥石流下泄，由北向南冲向县城，造成沿河房屋被冲毁，泥石流阻断白龙江、形成堰塞湖。据舟曲灾区指挥部消息，截至8月21日，舟曲"8.8"特大泥石流灾害中共遇难1434人，失踪331人，累计门诊人数2062人。

（资料来源：人民网–甘肃频道）

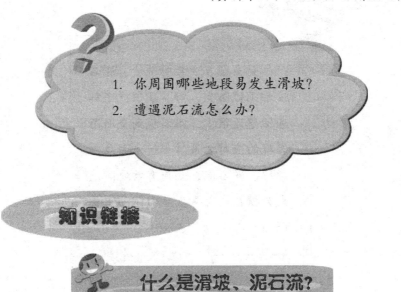

1. 你周围哪些地段易发生滑坡？
2. 遭遇泥石流怎么办？

知识链接

什么是滑坡、泥石流？

斜坡上的岩石土壤，受水流、地震及人类活动等因素影响，变得松软破碎，在重力作用下顺坡向下滑动，就形成了滑坡，俗

称 "走山"、"地滑"、"土溜"。

泥石流是在降水、溃坝或冰雪融化作用下，在沟谷或山坡上产生的一种携带大量泥沙、石块等固体物质的特殊洪流，俗称 "走蛟"、"出龙"、"蛟龙"。

哪些地方易发生滑坡？

1. 结构松散、容易风化和在水的作用下容易发生变化的岩、土构成的斜坡容易发生滑坡，如由黄土、红粘土等构成的斜坡。

2. 内部结构破碎的山体会在山体表面产生裂隙，为降雨、管道泄漏等水流侵入斜坡提供了通道，容易发生滑坡。

3. 下陡中缓上陡、上部成环状的坡形由于中心偏移，容易发生滑坡。一般江河、沟、湖和水库的斜坡，前缘开阔的山坡、铁路、公路和工程建筑物的边坡都是易发生滑坡的地貌部位。

4. 地下水丰富的地区由于岩、土软化，岩、土体的强度降低，加之地下水从内部给山体产生压力，容易发生滑坡。

5. 地震的影响是重要因素之一。地震致使山体松动、岩层破碎，最终导致滑坡。

6. 持续干旱，造成城区周边岩石解体。部分山体、岩石裂缝暴露在外，使雨水容易进入，发生滑坡。

泥石流形成需要哪些条件？

1. 地形条件：沟谷上游三面环山、山坡陡峻，沟谷上下游之间高差大于300米，而且山沟中部狭窄、下游沟口地势开阔，形状像漏斗的地形条件，容易发生泥石流。

2. 地貌条件：两侧山体破碎、松散物质较多，沟谷两边滑坡、垮塌现象明显，植被覆盖率低，水土流失、坡面侵蚀作用强烈的沟谷，易发生泥石流。

3. 水源条件：暴雨多发区域，有溃坝危险的水域下游，冰雪季节性消融等可能在短时间内产生大量流水的地区都容易发生泥石流。（图5.1）

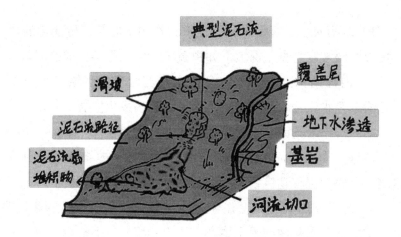

图5.1　泥石流、滑坡形成条件

滑坡、泥石流预防

哪些日常活动容易诱发滑坡灾害？

1. 不要随意开挖坡脚：在建房整地、挖砂采石、取土过程中，不能随意开挖坡脚，特别是不要在房前屋后随意开挖坡脚。坡脚开挖后，应根据需要砌筑维持边坡稳定的挡墙，墙体上要留足排水孔。

2. 不随意在斜坡上堆弃土石：对采矿、采石、修路、挖塘过程中形成的废石、废土，不能随意顺坡堆放，特别是不能在房屋的上方斜坡地段堆弃废土石。

3. 不要毁坏山坡上的植被，对山体裸露的地区要进行封山育林、植树造林。

温馨提示

　　　选择安全场地修建房屋：选择安全稳定地段建设村庄、构筑房舍，是防止滑坡危害的重要措施。居民住宅和学校等重要建筑物，必须避开容易遭受滑坡危害的地段。

 ## 滑坡、泥石流发生分别有哪些前兆？

1. **滑坡主要前兆**

（1）斜坡前部发生丘状隆起或局部沉陷，顶部出现张开的扇形或呈放射状裂缝分布。

（2）斜坡前缘发生垮塌，而且垮塌的边界不断向坡上延伸。

（3）斜坡上建筑物变形、开裂、倾斜。

（4）井水、泉水水位突然明显变大、变小或断流，水变得浑浊。

（5）地下发出异响。

2. **泥石流主要前兆**

（1）溪流突然断流或洪水突然增大。

（2）沟谷发出轻微的振动感或巨大的轰鸣声。

（3）沟侧发生崩塌滑坡等使得沟谷堵塞严重。

这两种灾害发生前都可能出现动物的异常反应，如鸡蹿上房屋或树木、狗焦躁不安等，如果和其他现象同时发生，就需要引起重视。

遇到滑坡、泥石流怎么办？

1. 遇滑坡时

（1）处于滑坡体上的人，一定要保持冷静，不能慌乱。要迅速环顾四周，向较为安全的地段撤离。跑离时，以向两侧跑为最佳方向（图5.2）。一般除高速滑坡外，只要行动迅速，就有可

图5.2　滑坡逃生方法

能跑离危险区域。

（2）当遇到无法跑离的高速滑坡时，要抱住大树或在坚硬的大岩石块下蹲着（图5.3），它们会挡住从山上滚下的碎石，不至于被砸伤。

图5.3　滑坡应急避险方法

（3）平时要注意房屋是否处于容易发生滑坡山体的下方。当滑坡发生时，如果身处滑坡体下方的房屋内，不能躲在屋内，要迅速向滑坡体两侧逃离。如果无法逃离，并且屋内有地下室，可以进入地下室躲避。

（4）非滑坡区的青少年要及时发出警报，报告有关部门迅速采取应急措施。

2. 遇泥石流时

（1）要保持冷静，不能慌乱，沿与泥石流垂直的方向，向两边的山坡上跑，离开沟道、河谷地带。到达安全地带后，立即向有关部门报告灾情。

（2）不能沿沟向下或向上跑，不要在土层不稳定的斜坡上停留，应选择在较为平缓开阔的地方停留。不能躲在树上，也不能躲在有滚石和大量堆积物的下方。

（3）由于黏性大的泥流具有很强的浮托能力，比较容易躲避，身陷其中时要尽量做游泳的划水动作，以保证头部向上，避免窒息，并躲避各种石体对人体的撞击。

（4）如果身处房屋内，一定要离开房屋迅速向地势较高处逃离。夹带土石的泥水会掩埋所经地段的建筑，房屋被冲垮、淹没的可能性极大。

温馨提示

1. 青少年应该加强防避意识，不要进入或通过有警示标志的滑坡、崩塌、泥石流危险区。大雨过后，尽量不要进入山谷。

2. 山脊上的道路比山谷中道路更安全，青少年应尽量选择安全道路行走。

泥石流灾后怎样预防疾病发生？

发生泥石流以后，首先要预防的是肠道传染病，如霍乱、伤寒、痢疾、甲型肝炎等。另外，人畜共患疾病和自然疫源性疾病也是极易发生的，如以老鼠为媒介的传染病，如流行性出血热、寄生虫病、血吸虫病；以昆虫作为媒介的传染病，如疟疾、流行性乙型脑炎、登革热等。灾害期间还常见各种皮肤病，如浸渍性皮炎（"烂脚丫"、"烂裤裆"）、虫咬性皮炎、尾蚴性皮炎。

灾后卫生防疫应做到：

（1）注意饮用水和食品卫生。不喝生水，对取自井水、河水、湖水、塘水的临时饮用水，一定要进行消毒；不吃腐败变质或被污染浸泡过的食物；不吃淹死、病死的禽畜和水产品；不要到无卫生许可证的摊档购买食品。

（2）注意环境卫生。洪水退去后，应清除住所外的污泥，垫上砂石或新土；清除井水污泥并投放漂白粉消毒；应将家具清洗再搬入居室。

（3）做好防蝇灭蝇、防鼠灭鼠、防螨灭螨等媒介生物控制工作。人群较集中的地方，也是鼠类密度较高的地方，保持住所和附近地面整洁干燥，不要在草堆上坐卧、休息。

（4）为预防皮肤溃烂，应保持皮肤清洁干燥，随身用毛巾等擦汗。可以在皮肤褶皱部位扑些痱子粉。下水劳动时，每隔1～2小时休息一次。每次劳动离水后，一定要洗净脚，穿干燥的鞋。

（5）在血吸虫病流行区，不接触疫水是预防血吸虫病最好的方法。接触疫水前，在可能接触疫水的部位涂抹防护药，穿戴防护用品，如胶靴、胶手套等。

（6）如果感觉身体不适时，要及时找医生诊治。特别是发热、腹泻病人，要尽快寻求医生帮助。

课外阅读

滑坡、崩塌与泥石流

滑坡、崩塌、泥石流这三者除了有所区别外，常常还具有相互联系、相互转化和不可分割的密切关系。

 滑坡与崩塌的关系

　　滑坡和崩塌如同孪生姐妹，甚至有着无法分割的联系。它们常常相伴而生，产生于相同的地质构造环境中和相同的地层岩性构造条件下，有着相同的次生灾害和相似的发生前兆，且有着相同的触发因素，容易产生滑坡的地带也是崩塌的易发区，例如宝成铁路宝鸡—绵阳段，即是滑坡和崩塌多发区。崩塌可转化为滑坡：一个地方长期不断地发生崩塌，其积累的大量崩塌堆积体在一定条件下可生成滑坡；有时崩塌在运动过程中直接转化为滑坡运动，且这种转化是比较常见的。有时岩土体的重力运动形式介于崩塌式运动和滑坡式运动之间，以至于人们无法区别此运动是崩塌还是滑坡，因此地质科学工作者称此为滑坡式崩塌，或崩塌型滑坡。

 滑坡、崩塌与泥石流的关系

　　滑坡、崩塌与泥石流的关系也十分密切，他们有着许多相同的诱发因素。易发生滑坡、崩塌的区域也易发生泥石流，泥石流的暴发仅仅多了一项必不可少的水源条件。再者，崩塌和滑坡的物质经常是泥石流的重要固体物质来源。滑坡、崩塌还常常在运动过程中直接转化为泥石流，或者滑坡、崩塌发生一段时间后，其堆积物在一定的水源条件下生成泥石流，即泥石流是滑坡和崩塌的次生灾害。

（资料来源：中国德育教育网）

第六章　雷击

　　我国古代民间流传着"雷公"、"电母"的神话，说天上有"雷公"，是专门管打雷的神，还有"电母"，是专门管闪电的神。据说当雷公与电母吵架的时候，天上就会雷电交加。雷电真是这样产生的吗？

重庆开县雷击事件

2007年5月23日，重庆开县某小学遭遇雷击，一声惊天巨响之后，教室里腾起一团黑烟，烟雾中有两个班共95名学生和老师几乎全部倒在了地上。有的学生全身被烧得黑乎乎的，有的头发竖起，衣服、鞋子和课本碎屑撒了一地，7个孩子死亡，还有48个孩子身上留下了死神的手印。

这起雷击事件为什么会发生？原来教室的每个窗户上光秃秃地竖着7根铁条，那是雷电最喜爱的目标，一瞬间相当于三峡水电站装机总容量一千倍的能量找到了目标。如果铁条和大地相连，雷电就会顺着它们进入广阔的大地，消失于无形。但铁条没有接地，此路不通，小学生被雷击的事故就这样发生了。

（资料来源：南方都市报）

1. 你知道雷电为什么会击中房屋吗？
2. 你周围的哪些地方容易被雷击中呢？

知识链接

雷电是怎样形成的？

雷电是一种大气中放电的自然现象。一种雷电形成于云层之间，积雨云在形成过程中，某些云团带正电荷，某些云团带负电荷，正负云团碰撞就会产生强烈的声、光、电并发现象。另一种雷电是由带电的云层对大地迅猛放电产生，这种雷电如果击中某地的人和建筑物就会造成极大损伤。（图6.1）

图6.1 雷电形成示意图

雷电伤人有哪几种方式？

雷电通常通过四种方式对人的生命和财产造成危害，即：直接雷击、接触电压、旁侧闪击和跨步电压。

1. **直接雷击**。打雷时，闪电直接袭击到人体，电流由头顶部一直通过人体到两脚流入大地，人因此遭到雷击。

2. **接触电压**。当雷电电流通过高大的物体，如建筑物、树木、金属构筑物等倒塌下来时，人不小心触摸到这些物体时，发生触电事故。

3. **旁侧闪击**。当雷电击中一个物体时，强大的雷电电流，通过物体释放到大地。如果人在物体附近，雷电电流就会经过人体泄放下来，使人遭到袭击。

4. **跨步电压**。人在落雷点附近，由于两脚间的电压不同，使电流通过两脚进入人体，人就会被击伤。这种两脚间的电压差叫"跨步电压"。两脚之间的距离越大，跨步电压也就越大。

 易被雷电袭击的对象有哪些?

1. **易遭受雷击的地点**

（1）水面和水陆交界地区以及特别潮湿的地带，如河床、盐场、苇塘、湖沼、低洼地区。

（2）金属矿床、金属管线集中的交叉地点、铁路集中的枢纽、铁路终端和高架输电线路的拐角处。

（3）岩石和土壤的交界处、岩石断层处、较大的岩石裂缝，以及埋藏管道的地面出口处等。

图6.2 **易遭受雷击的高耸物体**

（4）地势较高的地方和旷野地区。

2. 易遭受雷击的物体

（1）高耸突出于周围的物体，如电线塔、电视塔、耸立的广告牌，旷野中的建筑物和树木。（图6.2）

（2）排出烟尘、废气、热气的厂房、管道，内部有大量金属设备的房屋。

（3）建筑物表面的突出部位和物体，如烟囱、电视机天线、太阳能热水器以及屋脊和檐角等。

温馨提示

在雷雨天气以下行为最危险：

（1）在空旷的田野中行走或跑步，特别是打着雨伞、肩上扛着锄头等长型工具；

（2）雷雨时爬到屋顶看天色或收衣服。

防　雷

怎样看云识雷雨？

未雨绸缪，出行前仔细收听天气预报或拨打天气预报咨询电话"121"非常重要。当然，看云也可以帮您预测雷雨天。

如果看到天空中出现浓而厚、顶部呈白色、轮廓模糊、底部十分阴暗的云层，就可能发生雷雨天气。

室外如何防雷？

1. 身处城市看到闪电后，应迅速躲入有防雷设施保护的建筑物内。汽车内也可以躲避雷击。

2. 雷雨天气应远离孤立的树木、电线杆、烟囱等，不要进入旷野中的棚屋、岗亭等建筑物。

3. 打雷时如果一时找不到合适的避雷场所，应迅速找一块地势低的地方蹲下，双脚并拢，手放膝上，身体向前屈。（图6.3）

尽量降低身体高度，双脚
并拢蹲伏，以减小跨步电压

图6.3　正确的野外避雷身体姿势

4. 在空旷的地方不要打伞，不要把金属工具等导电物品扛在肩上。

5. 雷雨天气不要游泳或停留在水中，要尽快离开水面和空旷场地，寻找有防雷设施的地方躲避。（图6.4）

图6.4　水中易遭受雷击

6. 雷雨天气不要骑自行车赶路，打雷时切忌狂奔。

7. 万一不幸发生雷击事件，同行者要及时报警求救，并设法抢救。

8. 雷电天气不能打手机，打雷时最好将手机电池直接取下，关机过程也会因为手机向空中发射无线电信号，导致雷击事故发生。

室内如何防雷？

1. 雷雨天气要关好门窗，尽量不要靠近门窗、阳台和外墙壁，不要触摸金属管线，如水管、暖气管、煤气管等。

2. 在无防雷设施的房间内，雷雨天气时尽量不要使用家用电器，如电视机、计算机、有线电话、电冰箱等。同时拔掉所有的电源插头，不要用湿手湿布擦带电灯头，不要使用太阳能热水器洗澡。（图6.5）

图6.5 常用家电防雷

3．如果要架设室外天线，一定要选择远离电线的位置，特别是高压线路。窗帘是窗式空调火灾蔓延的主要媒介，尽量使窗帘避开空调器，或采用阻燃型织物的窗帘。

4．提醒有关人员定期检查防雷设施。

怎样抢救被雷电击中的人？

人体被雷击中不一定是致命的，很可能昏倒或"假死"。这时，同伴可以采取如下救护方法：

1．如果遭雷击者昏迷，要使伤者就地平卧，松解衣扣、腰带等衣物，进行口对口人工呼吸。

2. 雷击后进行人工呼吸的时间越早越好。如果能在4分钟内以心肺复苏法进行抢救，使心脏恢复跳动，可能还来得及救活。

3. 对伤者进行心脏按摩。在硬床或台子上用双手压迫患者的胸骨，迫使心脏中的血液流出。

4. 如果遇到一群人被闪电击中，那些会呻吟的人不要紧，应先抢救那些已无法发出声息的人。

避雷针最先是哪个国家发明的？

公元1752年，富兰克林冒着很大的生命危险在费拉尔德亚城雷雨交加的一天进行了捕捉雷电的实验。以后，人们认为避雷针是美国人富兰克林最先发明的；前苏联认为避雷针是18世纪俄国科学家罗蒙诺索夫发明的。然而事实证明避雷设备和避雷针是中国最早发明的，而且要比美国人、俄国人早一千多年。

早在公元220年至265年的三国时期，我国就发明了避雷室的设备，这在当时的建筑物上都可以看到。公元420年至589年的南北朝时期，建筑物上也有"避雷室"。

公元960年至1279年的宋朝时期，建筑物上也有不同形式的避雷设备——雷公柱。避雷室、避雷柱，这些设施都是为了避免雷击而设置在各种建筑物上的。这个结论是由华南工学院建筑系龙庆忠教授，经过长期调查研究提出来的，他在论文中用大量的史料和实物证明避雷针是我国最早发明的。

这个结论不仅已被我国科学工作者证明，而且法国旅行家卡勃里欧列·戴马甘兰也证明中国人要比欧美国家早发明避雷针，因为他在我国旅行中也发现了我国古代建筑物上早就有避雷设置。

（资料来源：时代学习报）

第二篇　社会灾害篇

　　"社会灾害"是指给人们造成生命财产损失的社会现象。它既包括火灾、食品中毒、传染病等公共性事件，也包括交通事故、偷盗抢劫、溺水等关系到个人生命与财产安全的事件。近年来，社会灾害发生的频率越来越高，严重影响到人民群众尤其是青少年的生命和财产安全。青少年是祖国的未来和希望，对国家的发展起着不可替代的作用。为使青少年更好的适应未来社会发展需求，迫切需要增强他们的防灾减灾意识和能力。由此了解各种社会灾难，掌握防灾减灾技能，做好防范和应对工作就显得尤为重要。基于这种考虑，本篇选取溺水、传染病、食品安全等几种社会灾害进行分类介绍，希望广大青少年能从中学到防灾减灾知识和技能，时刻保持警钟长鸣。

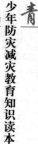

第七章　传染病

在希腊神话中，众神之王宙斯为了报复人类，把装有各种病毒恶疾的潘多拉魔盒送给了天神伊皮米修斯，魔盒被打开后，里面所有瘟疫都飞了出来。人类从此饱受祸害和折磨。传染病是这样形成的吗？

灾情回放

甲型H1N1流感

2009年3月底，甲型H1N1流感开始在墨西哥和美国加利福尼亚州、得克萨斯州爆发，当时已怀疑超过4000人染病，可能导致100多人死亡，并有不断蔓延的趋势。4月23日晚，墨西哥政府宣布采取卫生防疫紧急措施，包括学校停课、取消大型集会活动、关闭娱乐场所，重大体育赛事禁止观众入场等。25日晚，墨西哥总统发表全国电视讲话，宣布墨西哥进入卫生紧急状态。2009年6月11日，世界卫生组织总干事陈冯富珍宣布把甲型H1N1流感警戒级别升至六级，这意味着世卫组织认为疫情已经发展为全球"流感大流行"。截至11月29日，超过207个国家和地区报道了经实验室证实的甲型H1N1，共有8768人死亡。2009年6月，我国确诊首位本土病例，疾病来源由输入型向本土型转化。

（根据搜狐网资料整理）

1. 传染病从何而来？
2. 该如何预防传染病？

什么是传染病？

传染性疾病是由病原体引起的，能在人、动物与动物和人与动物之间相互传染的疾病。传染病都具有潜伏期，即传染病的病原体进入人体内到出现症状的这段时间。概括来说，传染病具有五个方面的特征：

1. 有病原体。每一种传染病都有它的病原体，包括微生物和寄生虫。

2. 传染性。传染病的病原体可以在人际之间传播。

3. 免疫性。大多数患者在疾病痊愈后，都可产生不同程度的免疫。如得过水痘后终生不会再得。

4. 可预防。通过控制传染源，切断传染途径，增强人的抵抗力等措施，可以有效地预防传染病的发生和流行。

5. 流行病学特征。在自然和社会因素的影响下，传染病的流行过程可以表现出各种各样的特征。

传染病的传染源有哪些？

传染源是可能使正常人感染疾病的人和动物。

1. 病人：病人是重要传染源，一般在发病期传染性最强。

2. 病原携带者：有些人虽然感染了疾病，但却没有症状表现，而有些人病好之后，身上还携带着病原体。他们都有可能使青少年感染疾病。

3．受染动物：有些疾病是通过动物感染给人类的，如狂犬病、鼠疫等疾病。

传染病传播的方式和途径有哪些？

1．通过空气从呼吸道传染，如流感、流脑、麻疹、百日咳、猩红热等。

2．通过食物经消化道传播，如痢疾、伤寒、甲型肝炎等。

3．通过昆虫及动物传染。如蚊子会传播乙脑、虱子会传播斑疹和伤寒、狗会传播狂犬病、苍蝇会传播痢疾等。

4．通过日常接触传染，如甲肝、沙眼、红眼病、水痘等。

5．通过血液传播，如输血、打针感染乙肝、丙肝、艾滋病等。

6．其他传播方式，例如母婴传染和性传染等。

传染病预防

青少年易感染哪些传染病？

青少年容易感染的传染病有：流行性感冒、流行性腮腺炎、麻疹等。

1．麻疹：麻疹是由麻疹病毒引起的急性呼吸道传染病，主要发生在儿童身上。麻疹非常易传播，同居一室就可能被感染。一般在接触病毒10天后开始出现发热、流涕、咳嗽等症状，病程在7天~18天之间。一般在初始症状后的3天~7天会出现皮疹（隆起或水疱）。患者从刚出现症状到疹子出现后4天内有传染性。如果被诊断为麻疹的患者，就必须隔离，直到疹子出现后4天。

2. 流行性腮腺炎：简称流腮，是由流行性腮腺病毒引起的急性呼吸道传染病。它是一种常见的急性上呼吸道传染病，传染性非常强。一年四季均可发病，但冬春季节比较多见。

3. 流行性感冒：简称流感，是由流感病毒引起的一种传染性极强的感冒病，潜伏期较短。如果感染流感，严重的会出现高热、说胡话、昏迷、抽搐等症状，特别严重的还会危及生命。它的传染性比普通感冒要强得多，青少年在受凉、淋雨、过度疲劳后抵抗力下降，人容易得病。

4. 猩红热：一种急性呼吸道传染病，10岁以下的小朋友容易得这种病，一年四季都可能发生，但以春季居多。得病后会出现发热、皮疹及脱屑等症状。它主要通过空气和飞沫传播，潜伏期一般为2天~3天。

怎样预防常见的传染病？

预防甲型H1N1流感

（1）尽量少去人群密集的场所，避免接触身体不适、出现发烧和咳嗽症状的人。

（2）养成良好的个人卫生习惯，经常用香皂洗净双手。

（3）可以考虑戴口罩，降低通过空气传播的可能性。

（4）日常生活中以大青叶、薄荷叶、金银花作为茶饮，传染病流行期定期服用板蓝根，可以提高免疫力。

（5）发现高热、结膜潮红、咳嗽、流脓涕等症状时，应及早就医。

（6）放松心情，充足睡眠，多锻炼身体，保持良好的身体状况。

预防乙型肝炎

乙型肝炎主要通过血液传播、母婴传播和性接触传播，所以日常生活中应该注意以下几点：

（1）遵守道德、洁身自爱。

（2）不以任何方式吸毒。

（3）不与他人共用剃须刀、牙刷、毛巾等日常用品。

（4）不接触未经严格检验的血液或血制品。

（5）定期接种乙肝疫苗。

 预防艾滋病

在艾滋病毒感染者中，70%以上是青壮年。要防止艾滋病的蔓延，青壮年是主力军。艾滋病传播有性接触、血液和母婴三种途径。青少年可以采取以下方式来预防艾滋病：

（1）培养积极进取的生活态度和广泛兴趣爱好。

（2）不看黄色书刊、录像带、光盘及有关性内容的读物和影视片。

（3）与异性单独相处时，如发生冲动，应理智地离开，使自己冷静下来。

（4）用合适的方式交流感情，如拥抱、握手、抚摸等，千万不要有轻率的性交行为。

（5）洁身自好，远离毒品。静脉吸毒是传播艾滋病的温床，吸毒者常常共用针管、针头，引起艾滋病病毒经血液传播。

怎样才能防止传染病传播？

青少年不仅需要保护自己不受传染病的感染，自己有病也不要传染给他人。这就要求青少年在日常生活中做到以下几点：

1. 保持个人卫生。饭前便后要用肥皂洗手；不随地吐痰，打喷嚏或咳嗽时用手帕掩住口鼻；穿干净衣服，勤洗澡、理发；与动物保持一定的距离；毛巾牙刷要分开；个人卧具经常清洗。（图7.1）

图7.1　保持个人卫生，预防传染病

2. 保持饮食卫生。病从口入，不洁饮水和食物能引起多种疾病，因此，不滥吃野味、不喝生水、不吃生的或半生的肉及水产品、不用手抓饭菜；不吃气味异常及发霉的食物；不要偏食，加强营养，多吃蔬菜。

3. 保持环境清洁。病毒和细菌最喜欢在垃圾中生存，然后通过蚊蝇和老鼠等动物把疾病传染给人类。因此，我们一定要保持环境清洁卫生。要勤开窗户勤通风，家里厨房台面、厨具和餐具要保持清洁。

4. 培养健康的生活方式。积极锻炼身体，不吸烟、不酗酒。生活要规律，合理安排作息时间，保持充分睡眠。感觉身体不适，尤其有发热症状时要及时就医。

鼠疫与文艺复兴

第二次鼠疫大流行发生于公元14世纪，持续近300年。这次大流行在欧洲共造成2500万人死亡，占当时欧洲人口的1/4；意大利和英国有一半的人口因此死亡。恐慌的人们把猫、狗当作传播瘟疫的罪魁祸首打死了，结果鼠疫的真正传染源--老鼠，就越发横行无忌。

鼠疫使一些人对宗教产生了怀疑，因为他们发现笃信基督并没有使他们摆脱厄运，而且作为上帝使者的教士也大量死亡。在目睹自己的亲人和朋友接连去世之后，人们突然醒悟：天下根本没有什么神灵保佑，相信上帝不如相信自己。于是，对宗教信仰的怀疑发展为对社会不平等制度的痛恨和反抗，人们对自己人生也开始了深入思考，而这种"人的发现"正成为文艺复兴的巨大推动力。

第八章　食品安全

民以食为天，食以安为重。广大青少年正处于身体发育阶段，食品质量和饮食卫生尤为重要。而由于缺乏食品安全意识，青少年很可能成为最大的受害者。不健康的饮食习惯或长时间使用存在安全隐患的食品还会诱发一些其他疾病。

三鹿奶粉事件

中国奶制品污染事件，是一起严重的食品污染事件。事件起因是很多食用三鹿婴幼儿奶粉的婴儿被发现患有肾结石，随后在其奶粉中发现化工原料三聚氰胺。根据我国官方公布的数字，截至 2008 年 9 月 21 日，共有五万四千多名婴幼儿受到毒奶粉的侵害。事件发生后引起了各国的高度关注和对乳制品安全的担忧。随着进一步的调查，包括伊利、蒙牛、光明、圣元及雅士利等品牌在内的众多奶粉都检出过量的三聚氰胺，奶制品安全问题令人担忧。

1. 什么食物会造成食物中毒？

2. 食物中毒后怎么办？

知识链接

影响食品安全的因素有哪些？

1. 环境污染。"大鱼吃小鱼，小鱼吃虾米"，地球上的一切生物就是按照这样的规律形成金字塔形"食物链"。人类位于食物链的塔顶。自然环境受到污染后，动物首先将有毒物质摄入体内，经过层层的累积，毒性不断加强，最终被搬到了人类的餐桌上，所以人类受毒最深。

2. 生物污染。在生产、流通和消费过程中，有害的微生物和有毒物质都可能混入食物之中，导致传染病的发生，危害人类健康。据世界卫生组织公布的资料，在过去20多年间，地球上新出现了30余种传染病，它们都跟微生物有关系。

3. 营养不平衡。快餐、膨化食品深受青少年的喜爱，但这些食品通常包含大量的糖分、淀粉和脂肪，容易导致肥胖，增加患上高血压、冠心病、肥胖症、糖尿病、癌症等病症的危险。

4. 农药与兽药残留。由于农药、兽药、饲料添加剂的过量使用，残留在家畜、家禽、鱼类体内的药物严重超标。这些食品对我们的健康构成极大的威胁。

容易引起中毒的食品有哪些？

1. 畸形的瓜果和鱼类。畸形的瓜果和鱼类往往是受有毒物质污染造成的，往往含毒量较高。食用畸形瓜果和鱼类，不仅可能引起中毒，还可能引起肿瘤的产生。

2．未成熟的食物。一般未成熟的食物带有苦味且可能含有毒物质，尽量别吃，例如未成熟的西红柿，吃了会出现恶心、呕吐、头晕、流口水等中毒症状。

3．无根豆芽。生产无根豆芽需要加除草剂，除草剂中含有致癌、致畸物质，对人体有害。

4．腐烂白菜。腐烂白菜或过夜没吃完的白菜含有大量的亚硝酸盐类，使血液携氧能力降低甚至丧失，人会因缺氧而出现头痛、头晕、恶心、呕吐、抽搐、昏迷等症状，甚至有生命危险。

5．发芽的马铃薯。马铃薯的发芽部分含很高含量的有毒物质龙葵碱，会影响生命安全，尽量不要食用。

6．新鲜的黄花菜。鲜黄花菜含有有毒物质秋水仙碱，摄入后会导致喉干、胃烧、恶心、呕吐、便血、尿血或尿闭等症状。

7．未腌透的腌菜。如果盐量不足或未腌够八天，可能会生成有毒物质亚硝酸盐，危及生命安全。

青少年爱吃却有安全隐患的食品有哪些？

1．加工类肉食品。如肉干、肉松、香肠等食品可能添加防腐剂、增色剂和保色剂等，这些物质会使人体肝脏负担过重。此外，火腿等加工类肉食品大多为高钠食品，大量食用会摄入过高盐分，造成血压波动、肾功能损害。

2．饼干类食品。饼干在高温烘烤过程中本身所含的营养物质尤其是维生素大部分会被破坏掉，而且饼干类含糖量较高，经常吃会导致肥胖。

3．汽水可乐类食品。它们会导致体内钙质流失；含糖量过高，会给肾脏带来很大的负担，也是引发肥胖症的原因，同时碳酸饮料还会影响青少年牙齿和骨骼发育。

4．方便面和膨化食品。含有食品添加剂、盐分、油脂和磷酸盐等成分，长期食用容易引起骨折、牙齿脱落和骨骼变形，增加患高血压的隐患。

5．罐头类食品。包括鱼肉和水果等，一般采用高温高压加热方式进行灭菌，破坏了食物的营养价值。很多水果类罐头都添加了大量的糖分，会导致肥胖。

6．话梅蜜饯类食品。它们含有潜在的致癌物质亚硝酸胺，可能对人体健康造成不良影响，而且在加工中反复加糖、加热、加蜂蜜，营养价值早已消失殆尽，因此应少吃或不吃。

7．冷冻、甜品类食品，如冰淇淋、雪糕等。含奶油、糖份过高，非常容易引起肥胖。

8．烧烤油炸类食品。如烤羊肉串、炸薯条、炸鸡翅等，营养价值不高，含有强烈的致癌物质，一只烤鸡腿相当于六十支烟的毒性，同时烧烤食品由于未充分烤熟，可能含有寄生虫。

食品中毒防范与应对

青少年应怎样预防食品中毒？

1．养成吃东西前洗手的习惯。人的双手每天接触许多东西，可能会沾染病菌、病毒和寄生虫卵。吃东西前认真用肥皂洗净双手，才能减少"病从口入"的可能。

2．生吃瓜果要洗净。瓜果蔬菜在生长过程中不仅会沾染病菌、病毒、寄生虫卵，还有残留的农药、杀虫剂等。如果不清洗干净，不仅可能染上疾病，还可能引起农药中毒。

3. 不随便吃野菜、野果。野菜、野果的种类很多，缺乏经验的人很难辨别是否含有毒素，所以不要随便食用。

4. 不吃腐烂变质的食物。食物腐烂变质，味道就会变酸、变苦或散发出异味，吃了这些食物容易引起中毒。

5. 不随意购买、食用街头小摊贩出售的劣质食品、饮料。这些劣质食品、饮料卫生质量不一定合格，食用、饮用容易危害青少年的健康。

6. 不吃过期食物。在超市、商店购买食品、饮料，要特别注意是否标明生产日期和保质期，不购买过期食品饮料。

7. 不喝生水。肉眼很难分清水是否干净，清澈透明的水也可能含有病菌、病毒，喝开水最安全。

食物中毒了怎么办？

家中一旦有人出现上吐、下泻、腹痛等食物中毒症状时，不要惊慌失措，应冷静分析发病原因，针对引起中毒的食物和食用时间的长短，及时采取以下应急措施：

1. 催吐。中毒者张开嘴，保持侧卧或者坐姿并低头，鼻腔稍高于嘴的位置，防止呕吐物进入呼吸道，然后用细物如鸡、鸭毛的"杆"等轻轻触碰需要催吐的人的咽喉部和舌根部，利用人体"自然保护反应"就可以成功地进行催吐。

2. 导泻。如果病人进食受污染的食物时间已超过两至三小时，但精神仍较好，则可服用泻药，促使有毒食物尽快排出体外。

3. 解毒。如果是因吃了变质的鱼、虾、蟹等引起的食物中毒，可取食醋100毫升，加水200毫升，稀释后一次服下。如果误食变质的防腐剂或饮料，最好的急救方法是用鲜牛奶或其他含蛋白质的饮料灌服。

如果经上述急救，症状仍未见好转或中毒较重者，应尽快送医院治疗。

课外阅读

怎样洗水果更健康？

水果味道甘美，营养价值高，青少年朋友们都爱吃，但是必须洗净之后才能放心食用。如何清洗水果，既能除去表皮的脏污，又能保持营养价值呢？

1. 葡萄：把葡萄放在水里面，放入两勺面粉或淀粉，不需要使劲揉，只需放入水里来回洗涮，面粉和淀粉都是有黏性的，它会把那些乱七八糟的东西都给带下来。

2. 苹果：苹果过水浸湿后，在表皮放一点盐，双手握着苹果来回轻轻地搓，这样表面的脏东西很快就能搓干净，再用清水冲洗，就可以放心吃了。

3. 杨梅：将杨梅清洗干净后须用盐水浸泡二十到三十分钟再食用，因为盐水有杀灭某些病菌的作用，亦可帮助去除隐匿于杨梅果肉中的寄生虫。

4. 桃子：可先用水淋湿桃子，抓一把盐涂在桃子表面，轻轻搓一搓，再将桃子放在水中泡一会儿，然后用清水冲洗干净，就可以去除桃毛。也可以在水中加少许盐，将桃子直接放进去泡一会儿，再用手轻轻搓洗，桃毛也会全掉。

5. 草莓：首先用流动自来水连续冲洗几分钟，把草莓表面的病菌、农药及其他污染物除去大部分，但不要把草莓先浸在水中，以免农药在水中溶出后再被草莓吸收，并渗入果实内部。然后把草莓分别在淘米水(宜用第一次的淘米水)、淡盐水中浸3分钟。接着再用流动的自来水冲净淘米水、淡盐水和可能残存的有害物；最后，用净水冲洗一遍即可。

（资料来源：优讯-中国网）

第九章　防骗　防抢

　　青少年人生阅历浅薄，安全意识薄弱，对生活又有美好的幻想，往往容易被犯罪分子利用，致使生命与财产安全受到威胁。因此，掌握一定的防骗防抢技巧十分必要。

运城青少年被骗事件

2008年8月以来，山西运城连续发生了十几起青少年被骗至缅甸扣为人质索取赎金的案件，犯罪嫌疑人以到云南打工或做生意为名，将受害人骗至缅甸，强迫受害人参赌，输钱后将受害人非法拘禁，而后以索要赌债为名向受害人家属勒索赎金。运城市共有6个县市的19名受害人被诱骗至缅甸。

这些受害人大多为犯罪嫌疑人比较熟悉的同学或朋友，多数受害人的年龄在18岁左右，以农村孩子为主。他们有的刚刚步入社会，有的还在学校读书，没有任何社会经验，却都有种闯社会、发大财的想法，结果就很容易上当受骗了。

（资料来源：根据新华网山西频道资料整理）

黑手伸向青少年，我们怎么办？

防骗 防抢

独自在家怎样注意安全？

青少年独自在家时，应及时把门锁好。如果听到有人敲门，要先通过门镜辨认来人，不认识的人不要开门。

1. 如果来人声称是您父母的同事，也知道您父母的名字，也要提高警惕，不能开门，但可以问他有什么事，记下来告诉父母。

2. 如果遇到坏人以各种理由想闯入家中，要在保证人身安全的情况下，与坏人斗智斗勇，但不可与坏人硬拼，要注意保护自己的人身安全。例如将自己的屋门反锁后，用电话报案，要注意说清楚详细地址。

3. 有坏人冒充邮递员、推销员、检修工人等，骗开了门，入室抢劫或做其他坏事。要留心观察，记住陌生人的身高、面相、衣着等显著特征，以便必要时报警；也可以给父母、邻居、居委会或派出所打电话。

家里进贼了怎么办？

独自在家时，我们千万要切忌不能让陌生人进门，也不要透露任何信息。如果贼真的进来了，也不要慌，冷静地用智慧与他周旋。

1. 欺骗：要学会欺骗，不能说实话，比如说爸爸妈妈就要回来，这样贼就会不敢久留。

2. 逃跑：如果贼已经进来但还没来得及关门，能跑就跑。这样自己就能得救。

3. 报信：要学会报信，有选择地呼救，如趁贼不注意，打电话、发短信报警或向家人、朋友寻求帮助。

4. 不叫：如果在晚上，楼道又没有人，这个时候不要叫。

5. 捆绑：被贼捆绑时，绷紧肌肉，过后放松肌肉，就容易挣脱。

6. 不看：看到歹徒拿着凶器入室抢劫时，不看他的脸，以免被杀人灭口。

出行时应该注意哪些安全问题？

公交车上

（1）要先备好零钞，最好不要临时从包里掏钱。

（2）遇到有人故意往身体上挤、撞、贴，应格外提防。

（3）上车后最好往车厢中间走，不要挤在车门口，把包护在胸前或放在两腿中间，贵重物品要放在内衣兜里。坐好后，最好把手伸进裤兜，将钱包等物品往大腿内侧移动一下。

（4）密切注意身边的人尤其是四处张望的人。扒手作案大都有同伙，一个去挤，另一个则在后方伺机行窃，有的还会有"道具"，如用衣服、报纸或书本杂志挡住作案的手。

（5）不要穿过分暴露的衣衫和裙子，以防引起不法分子的不良企图。

在街道上

（1）在问路过程中，有旁人主动搭茬时，要提高警惕，小心上当受骗；在路上发现很多的钱或很明显的贵重物品时不要轻易捡，小心陷阱。陌生人问路，不要带路；向陌生人问路，不要让对方带路。

（2）把背包放在身前、夹在腋下或放在能触及的地方，并把钱物放在包内带拉链的夹层里，加强自身防范。

（3）外出时，不要接受不认识或途中临时认识人的饮料，已启封的赠品绝不能饮用。

（4）在途中遇到不法人员索要钱物或流氓纠缠时，不要慌张，尽量与不法人员周旋，寻求最佳的求救时间，遇到有车辆、行人路过时，再大声呼救。

（5）打车时，要打有牌照的出租车，问清付款方式等问题后再上车。不要搭乘陌生人的车，防止落入坏人的圈套。

（6）如果不能按预定的时间返回家里，要打电话告知家人，并说明能回家的大约时间。

（7）在街上、胡同里走，若有人让你进屋休息或免费摸奖、美容等，请不予理睬，小心上当受骗。如果硬拉你，根据过路人特征喊一声：爸爸、妈妈、叔叔、舅舅等，借此离开此地，安全回到家里。

（8）夜间出行要保持警惕。要走灯光明亮、来往行人较多的大道。对路边黑暗处要有戒备，最好结伴而行，不要单独行走。

青少年怎样防骗？

在日常生活中，要提高防范意识，学会自我保护；谨慎交友，不以感情代替理智；同学之间要相互沟通，互相帮助；遇有不明问题，充分依靠家人、老师和同学；自觉遵纪守法，不贪占便宜；发现诈骗行为，及时报警。

1. 识破身份伪装。诈骗分子常常以各种假身份出现，如自称是您父母的朋友，或邻居、叔叔、阿姨。遇到这种情况不要急于表态，不要草率相信，要仔细观察，从言谈话语中找出破绽，辨别真伪。

2. 注意反常举动。犯罪分子总是过分夸大自己的能力，如宣称他能办到别人办不了的事、别人犯法他能担保等。切记与常规差距越大，虚假性就越大。对这些谎言，青少年要冷静思考以识破骗局。

3．当心麻醉剂。为了达到目的，诈骗分子有时也用害人伎俩，有时会送一些小礼物，切勿因贪小便宜而上当受骗。

4．主动出击，打破骗局。当陌生人与您套近乎时，可以不露声色地问些问题，通过讲话口音、谈话内容等识破其真面目；从所谈及人的姓名、职务、住址、电话等内容判断其真伪；还可以从身份证中核实其人。

青少年怎样应对抢夺和抢劫？

1．尽量避免将钱财外露。钱财外露，容易成为抢夺的目标。如果需要携带数额较大的现金或贵重物品时，必须与同学、朋友结伴而行，或请警察护送。

2．现金或贵重物品贴身携带，不要放在手提包或挎包内。可以先把现金、贵重物品保管或处理妥当后再做其他事。

3．在人行道上行走时，尽量不要靠近机动车道，以免飞车夺包；骑自行车时一定要警惕，要贴身携带现金和贵重物品，不要把装有财、物的包挂在车头。

4．尽量避免与劫匪正面对抗，假装服从，看准时机逃跑。

5．注意歹徒及其作案工具的特征，如身高、体型、发型、衣着、车型、车牌号码、语言等，同时注意犯罪分子的逃窜方向。

6．及时报案，向公安部门求助。

遭到绑架怎么办？

1．如果遇到绑架要保持冷静，尽可能拖延时间，寻找各种借口给绑匪制造困难，如装肚子痛。如果嘴没有被堵上可大哭；如嘴被堵上可扭动身体，或做出各种反常行为，以引起外界的注意。

2. 被绑架之后，表面佯装害怕或已经被驯服，不慌张，不喊叫，不乱动，多配合，多观察，不要激怒歹徒。当被绑匪殴打虐待时，表面上要软弱，不要反抗，保证自身安全最重要，坚信警察一定会来搭救并制服歹徒。

3. 在绑匪询问他们想知道的情况时，尽量不要说出实情，可假装害怕而大哭，或想法敷衍他们拖延时间。

4. 不要拒绝绑匪提供的食物和水。只有吃饱喝足，养足精神，才能配合公安部门的救援行动。

动物的骗术

自然界中的动物都很聪明，为了适应环境、躲避敌人和保护自己，各自练就了一套高明的"骗术"，我们来看看：

变色龙——把情绪写在身上

它们可都是伪装高手。你知道吗？变色龙改变颜色是因为它们的情绪发生了变化。它们心情好时呈现绿色，当两只雄性变色龙不期而遇时，体色就会呈现红色。是什么让它们可以把情绪写在自己的身上？原来变色龙的皮肤上具有许多可扩张的特殊色素细胞，在短时间内就可以让自己换上一身"新衣服"。

虫——变成鸟粪谁还吃

毛虫面临的敌人数不胜数。它柔软多汁，是许多动物渴望的美餐，这也正是毛虫成为伪装高手的原因。毛虫可以巧妙躲过各种危机，避免成为其他动物的美餐。你看，鸟粪毛虫身子一蜷，立刻将自己伪装成了鸟粪，这样就可以逃出捕食者的视线。

海龟——用舌头诱惑鱼儿

憨厚的海龟也会使用"骗术"吗？当然，为了填饱肚子，它们会利用自己粉红色的叉状舌头吸引鱼在自己的上下颌间游动，并使鱼产生一种美味唾手可得的想法。鱼儿会把海龟当作池塘中的一块木头，很容易上当的！

萤火虫——发光密码模仿秀

各种萤火虫都有自己的光亮，而且发出光亮的形状不同、闪光的间隔也不尽相同。当萤火虫的发光密码得以破译后，我们只需要模仿它的发光信号，雄性萤火虫就会自动飞入你的手中。有一种诡计多端的雌性萤火虫，善于模仿其他种类萤火虫的闪光密码。它们可以通过发光向任何经过的雄性萤火虫发出邀请，然后将受到邀请的雄性萤火虫变成自己的美餐。

（资料来源：《中国少年报·都市版》）

第十章　野外出游

　　旅游渐渐成为一种时尚，青少年有越来越多的机会去领略祖国的名山大川，感受自然之美。但野外存在很多风险，我们怎样才能既玩得开心又没有后顾之忧呢？

灾情回放

轿子雪山事件

1998年1月21日，昆明市三名中学生去往轿子雪山游玩，途中突遇暴风雪，迷失方向，在寒冷、饥饿中挣扎到最后一口气。他们遇难的地点距大本营还不到800米。

事发后，社会各界动员一千人次前去寻找。直到3月7日，当地农民上山寻牛，才意外在一线天附近的草丛里发现了他们的尸体。

如果他们多学一点生存知识，多一点生存能力，多一点"团队精神"，这个悲剧或许可以避免。

（资料来源：根据河南户外联盟网资料整理）

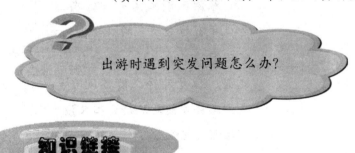

出游时遇到突发问题怎么办？

知识链接

 野外生存要点有哪些？

1. 体温保持在37度左右，太冷或太热都会威胁生命。
2. 要携带充足的饮用水，这一点非常重要。

3. 保持精力，不要盲目行事。

4. 准备好必备物品，如常用医药品、小刀等。

5. 野外露营地点要选在近水、防兽、向阳、开阔的地方。（图10.1）

6. 要注意辨别方向，可带上指南针、带指针的手表。

7. 雷雨天气要注意避免雷击。

8. 避开危险区域，如滑坡泥石流易发区、森林深处、水流湍急的地方。

图 10.1　选择合适野外宿营地

事故预防与应对

出游时应考虑哪些问题？

1. 制订周密的出游计划。包括出发日期、目的地、预定返回时间、参加人员、投宿地点和联络方式，并把计划告知参加者及其家人。

2. 人员分工要到位。衣食住行都要有专人负责。可请一名经验丰富的人担任领队。

3. 野外旅行应携带必备物品。如火柴、蜡烛、放大镜、指南针、无线电通信设备、药物（肠道镇定剂、镇痛药、抗生素、高锰酸钾）、漂白粉、手电筒、刀片、垃圾袋、尼龙绳等。

温馨提示

出游时，要把怕湿的东西用塑料袋封好，刀具、急救用品放在随手可拿到的地方。另外，上山时身体重的人走在最后，下山时身体重的人走在最前面。

旅途中如何保障身体健康？

预防风寒

（1）出发前一晚要好好休息，旅途中最好不要连续赶路。

（2）出发前吃一顿水分充足的早餐；在旅途中，吃一些高热量的零食，例如巧克力等。

（3）背包里应常备维生袋（能容纳整个人的防水塑料袋），最合适的是能将人和睡袋整个包起来。

（4）穿暖和的衣服，外衣裤最好能完全防水，牛仔裤和普通防水夹克都不能抵御狂风暴雨，并多带两套干衣服备用。

（5）途中若感到热，应脱下外套，以免身体被汗水沾湿，因为水分从身体吸取热量的速度比空气快。

（6）不要携带过重的物品，天气寒冷时尤其容易疲劳和受寒。为保持体力，脚步不要太大。

温馨提示

即使气温比较高时，也要提防因风大而受寒；有风暴、阴雨天气，尽量不要外出活动。

 身体不适处理

当我们在野外旅行时，要时刻注意自己的身体变化。如果出现异常，千万不要硬撑，要在第一时间告诉同伴。

（1）头昏脑胀时，放松心情，躺卧下来，解开领扣、腰带、纽扣等束缚，告诉同伴您的症状，再考虑处理办法。

（2）脸色发红、呼吸急促但不出汗时，可能是中暑症状。应立即到阴凉处休息，将头部垫高，身体躺卧，保持安静，并服用仁丹、十滴水，在太阳穴、人中处涂风油精。

（3）脸色苍白、发冷汗时，可能是中热衰竭的症状，应马上把双脚抬高，身体躺卧，保持安静，充分休息。

（4）呕吐可采取俯卧姿势，右手放在下巴上，放松身体，使呼吸畅通。吐完东西后漱口，立即安静地休息。如果症状没有好转，要赶快请同伴将自己送往医院。

（5）左下腹部疼痛，可能由食物中毒或身体受凉引起，服用正露丸类药品，放松静躺休息即可痊愈，并注意腹部保暖；右下腹部发痛，有阑尾炎的危险，可先服用止痛剂，并迅速送医院治疗；胃部发痛、发烧、恶心时，可服用肠胃药治疗。

被动物咬伤怎么办？

被毒蛇咬伤

毒蛇头部大多为三角形，颈部较细，尾部短粗，色彩斑较鲜艳。被毒蛇咬伤的，一般可在患处发现两到四个大而深的牙痕，局部疼痛。被无毒蛇咬伤的，一般有两排"八"字形牙痕，小而浅，排列整齐，伤处无明显疼痛。对一时无法确定的，应按毒蛇咬伤处理。

（1）保持镇静，着手自救。不要惊慌、奔跑，否则会加快毒素的吸收和扩散。

（2）减缓毒素扩散速度。及时用布条、绳索等物绑在伤口上方（近心端）约十厘米或距离伤口上一个关节处，每隔三十分种需要放松两到三分钟，以避免肢体缺血坏死。

（3）排除毒液。有条件的话，可以用拔火罐或者吸乳器反复抽吸伤口。紧急时也可用嘴吸，但是吸的人必须口腔无破溃，吐出毒液后要充分漱口。用消过毒或清洁的刀片，连结两毒牙痕为中心做"十"字形切口，扩大和加深伤口，使毒液排出。

（5）冲洗伤口。用清水、生理盐水或高锰酸钾液冲洗咬伤部位。

（6）在毒牙痕上放10支火柴用火点燃，局部烧伤患部，蛇毒经80℃以上高温灼烧即可失效。

（7）及时去最近的医院就诊。

被毛虫刺伤

被毛虫刺伤后，伤部迅即红肿，并有痛感。可用手挤出毒汁，并用肥皂、清水擦洗干净。

被蜂刺伤

被蜂刺后，首先拔出毒刺，挤出毒液，再涂上牛奶。若被刺后20分钟后体内无异常反应，一般就没事。如果被刺后出现恶心、抽搐等症状，要赶快到医院检查治疗。

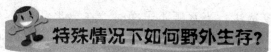

特殊情况下如何野外生存？

迷路

当你在林中迷路时，一定要镇定。可以寻找水流，当找到水流后，并沿着水流的方向走，就有可能找到人家，也容易走出山区。还可以通过自然环境辨别方向，走出困境。

（1）利用指南针辨方位。把指南针水平放置，等磁针静止后，标有"N"的一端所指即是北方。这种方法虽然简单快捷，但要尽量保持水平，不要离磁性物质太近。

（2）找一个树桩观察，年轮宽的是南方。还可以找一棵树观察，南侧的枝叶繁盛而北侧的则稀疏。

（3）观察蚂蚁的洞穴，洞大都是朝南的。

（4）在岩石众多处，找一块醒目岩石来观察，岩石上布满青苔的一面为北侧，干燥光秃的一面为南侧。

（5）用手表辨识方向，即用当时时间除以2，再把与所得商数相等的表盘刻度对准太阳，表盘上12所指的方向就是北方。注意应以24小时计时法计算。

（6）如果是下雪的冬天，建筑物、土堆、田埂、高地的积雪通常是南面融化快，北面融化慢。

（7）在晴朗的晚上，北极星是最好的指北针，北极星所在的方向就是正北方向。

 缺水

如果携带的水已经用完，通过以下方法对自然水进行净化后，也可以饮用。

（1）渗透法：当水源不干净时，在离水源3米~5米处向下挖一个大约50厘米~80厘米深、直径约1米的坑，使水从砂、土的缝隙中自然渗出，然后轻轻地将已渗出的水取出，放入盒或壶等存水容器中。注意不要搅起坑底的泥沙，要保持水的清洁干净。

（2）过滤法：用一根竹筒或长管，一端蒙上一层干净的过滤网，在底部铺一层碎石，上面铺一层沙子和一层炭粉，这样就做好了一个简易净水器。

（3）沉淀法：用仙人掌、霸王鞭的完整植株，或用榆树的皮、叶、根，捣烂磨碎，放入水中，充分搅拌，再静置一段时间，就可以起到净化水的作用。

（4）处理后的水，最好煮沸后再喝。

 没有取火物

在野外生存，火是十分重要的。火可以遏制死亡、增添生机。如果到野外游玩，在火柴和打火机用完时，可用以下方法生火：

（1）利用放大镜。阳光通过放大镜聚焦后可以产生足够的热量点燃火种。具体做法是：使火种避开风，将放大镜放在阳光下，经聚焦形成一个最亮的光点，保持不动。当火种开始冒烟时，用口吹气助燃。

（2）摩擦生火。找一根直径约3厘米的棒子，再找一些竹签、树皮等易燃物。先把棒子从中间剖开，中间夹着石块来产生间隙。然后把易燃物放在地面，再放上棒子，用双脚踏踩。棒子下面的易燃物经过摩擦不久就开始冒烟，这时吹燃起来就行了，大约10秒钟就可点火。

（3）击石取火。找一块坚硬的石头做"火石"，用小刀的背或小片钢铁向下敲击"火石"，使火花落到火种上。当火种开始冒烟时，缓缓地吹或扇，使其燃起明火。要注意石头击出的火花必须有一定的热量和持续时间才能点燃火种。

（4）电池生火。如果有电量较大的电池，将正负两极接在削了木皮的铅笔芯的两端，铅笔芯就会被烧得通红，再用来点燃火种。

青少年在特殊情况下生火，一定要注意周围的环境是否能够生火，防止火灾的发生。离开时要及时扑灭，等待白烟冒完后再离开。

遇险时怎样发出求救信号？

在野外一旦遇到危难，可以按照以下方法发出求救信号：

1. 国际通用的求救信号一般采用声响、烟雾或光照等。频率是每分钟6次，停顿1分钟后，重复同样信号。任何明亮的材料都可加以利用，如罐头盒盖、玻璃、一片金属铂片，有面镜子更加理想。持续的反射将规律性地产生一条长线和一个圆点。

2. 在夜间可以用火堆求救，呈三角形生三堆火，分别设在营地、帐篷附近的制高点上，三堆火之间的距离约为15米。晴天或背对绿色的森林，可在火堆上放一些绿树叶、青草或苔藓产生白烟，白烟较容易发现；阴天或在雪地里，可在火堆上加机油、浸油的布，产生黑烟，黑烟飘得更远。

3. 可以用树枝、石块或衣服等物品在空地上画出"SOS"图形，也可以将草地上的草拔出或割掉，使拔出或割掉的草的图形呈"SOS"形。图案要尽可能大些，一般长度在5米~10米左右。

4. 穿着颜色鲜艳的衣服，戴一顶颜色鲜艳的帽子。或用衬衫、毛巾、被单等白色物代替旗子挂在引人注意的地方，如果有带子或线，可用手帕、树枝和针线制作风筝放上天去。

如何保存食物

野外活动中很让人头痛的是如何保存食物。有些食品如饼干、方便面等包装食品易于保存，而新鲜的肉类、禽类、鱼、虾、新鲜蔬菜等在炎热的夏季易变质腐败而无法食用。一般野外活动无法携带冰箱、冷藏柜之类的设备，只能因地制宜采取一些切实可行的土办法加工和保存食物。

1. 熏晒法。熏制食品可以使食品保存时间延长，且味道适口，如熏肉、鸡、鱼等。晒制也可以长时间保存食物。在野外钓到鱼就可以用晒制法将鱼晒成鱼干保存或食用，方法如下：把鱼脊骨连头部切开成一片（鱼腹部不要切断），去掉内脏洗净，在鱼的两面抹上盐，用竹片或木棍在鱼头部撑开，挂起或平摊在阳光下晒，几日后即晒制成鱼干，可供长时间食用。

2. 风干法。把肉、禽类风干也是一种食品保存方法，藏族喜欢吃的风干羊肉、风干牛肉就属此类食品。在每年的秋季，将牛肉挂在背阴处，靠干燥的风吹，将肉中的水分去掉，风干后食用。一般这类风干方法在内地空气水分含量大的地区不宜采用；在青藏高原和大西北，空气干燥、湿度低的地区方能采用。风干食品绝不能在太阳下晒。另一种方法是将食物擦上盐及其他调味品，或用酱油浸红，吊在风口处靠风吹至肉硬化后即可，如风干鸡、风干青鱼、风干猪肉、风干牛肉等食品，肉不宜太厚、太咸。食用时将风制食物烹熟食用。在野外活动中也可将易坏的食物用塑料袋密封，放在流动的河水中保存。将羊肉封闭在三层塑料袋中放在水里，用石块压好，随吃随取，可保持二十天肉不变色，不变味。切忌将肉不封装直接放入水中保存，水泡过的肉，营养成分流失，且河水中的泥沙沾在肉上就会无法食用。

（资料来源：云南中青旅在线）

第十一章　溺水

　　游泳，是广大青少年喜爱的体育运动，也是一项十分有益的活动，既能锻炼身体，又能塑造体型。然而，如果事先缺乏准备、意外发生时惊慌失措，不能沉着应付，就极易因溺水导致伤亡事故。

长江大学学生救人事件

2009年10月24日下午2时左右，在荆州宝塔河江段江滩上的两名小男孩，不慎滑入江中。正在附近游玩的长江大学10余名大学生发现险情后，迅速冲了过去。因为大多数同学不会游泳，大家决定手拉着手组成人梯，伸向江水中救人。

很快，一名落水男孩被成功救上岸，另一名男孩则顺着人梯往岸边靠近。就在这时，意想不到的一幕发生了：人梯中的一名大学生因体力不支而松手，水中顿时乱成一团。这时，正在宝塔河100米以外的冬泳队队员闻声赶来施救，冬泳队员陆续从水中救起6名大学生，而另外3名大学生却永远消失在湍急的江水中。

（资料来源：TOM新闻频道）

你经常在什么地方游泳呢？这种场所游泳安全吗？

知识链接

为什么青少年发生溺水事故较多？

青少年大都喜欢游泳，但是因为游泳知识掌握不全、缺乏安全意识，往往容易发生事故。

1. 青少年过于自信，对自身的泳技给予过高评价；常常抱着侥幸心理，对意外情况考虑不全，去一些不安全场所游泳，或在身体不舒服的情况下下水。

2. 青少年身体发育还不完全，体能有限。游泳时喜欢冒险、比拼技术，导致过度消耗体力或游往深水区域而发生意外。

3. 父母没有对青少年进行正确的安全教育，大多是禁止他们外出游泳，有可能激发他们的叛逆心理，偷偷去人迹稀少的场所游泳。

4. 缺乏基本的自救知识，发生意外后，往往惊慌失措，不能够及时采取措施自救互救。

温馨提示

溺水易发人群：少年儿童、泳技不熟练者、患有各种疾病的人。

溺水多发地区：人烟稀少的河边、江边、池塘边、湖边、水库。

溺水防范与自救互救

哪些情况下不宜游泳？

1. 独自一人不宜外出游泳，游泳时应该有家长或成年人陪同。

2. 身体不舒服也不宜去游泳，例如患有中耳炎、心脏病等慢性疾病和感冒、发热等症状。此外，精神疲倦、饭后、服用药物后也不能马上游泳，更不要酒后游泳，以防意外。

3. 参加强体力劳动或剧烈运动后不能立即游泳。在满身大汗、浑身发热的情况下立即下水，容易引起抽筋、感冒甚至发生意外。

4. 水流湍急的水域不适宜游泳，例如河流、水库、有急流的地方和两条河流汇合处以及落差较大的河流湖泊等。一般来说，凡是水况不明的江河湖泊、山塘水库都不宜游泳，被污染了的水域也不宜游泳。

5. 恶劣天气也不宜游泳，如雷雨、刮风、天气突变等情况。

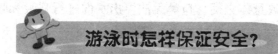

游泳时怎样保证安全？

虽然游泳对促进青少年生长发育、强身健体很有好处，但也存在一定的危险。广大青少年应该注意以下几点：

1. 下水前要做热身活动。可以跑步、做操等来活动开身体，减少受伤的几率；还可以用少量冷水冲洗一下身体，这样可以使身体尽快适应水温，避免出现头晕、心慌、抽筋等现象。

2. 下水时一定穿着游泳专用衣物，不穿着牛仔裤，长裙或长裤下水，以防衣物吸水后过重，发生意外。

3. 在开放水域活动时，千万不要游离岸边太远，在安全旗帜范围内戏水游泳，并且遵守安全标识。如果青少年朋友的游泳技术还不纯熟，不要到深水区活动，防止发生危险。

4. 水下情况不明时，不要贸然跳水和潜泳，防止硬物撞伤，更不能互相打闹，以免呛水和溺水，也不要在急流和漩涡处游泳。

5. 在游泳中如果突然觉得身体不舒服，出现眩晕、恶心、心慌、气短等症状，要立即上岸休息。如果凭自身力量无法上岸，应大声呼救。

若游泳时发生意外怎么办？

游泳时发生意外，要镇静，保持清醒的头脑，同时做到以下几点，并想办法发出求救信号，就能求得生存。

1. 不要害怕沉入水中。除去身上的重物、屏住呼吸、放松全身，人体就会向上浮起。不要试图通过挣扎使自己浮出水面，这样只会导致身体失衡，口鼻无法浮出水面进行呼吸和呼救。

2. 上浮时展开双臂顺势向下划水，速度要快、力度要大，向上抬臂要慢。尽可能地保持仰位，使头部后仰。浮出水面后，尽量用嘴吸气、用鼻呼气，以防呛水。呼气要浅，吸气宜深，尽可能使身体浮于水面，以等待他人救护。

3. 如果水深只有2米~3米，且水底结实，我们可在触底时用脚蹬地加速上浮，浮出水面立即呼救。

4. 如果游泳时小腿抽筋，应深呼吸后屏气，并将抽筋下肢的拇指持续用力向前上方拉，使拇指跷起来，直到抽筋停止。对于其他部位的抽筋，要充分按摩和伸展患处，同时找机会上浮，充分呼吸。

5．如果被水草缠住，要冷静，深吸气后屏气钻入水中，用双手帮助慢慢解脱缠绕，切勿挣扎，否则可能会被缠得更紧。

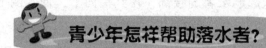

青少年怎样帮助落水者？

1．立刻大声呼救，让更多的人参与急救，同时拨打"120"，请专业急救人员尽快到达现场。

2．避免一个人单独下水营救。在落水者还清醒时可为其提供漂浮物和拉扯物，如木板、绳子、树枝等。不要盲目下水救人，如果一定要下水救人，不要穿鞋和过多衣服，不要以"扎猛子"的方式头朝下跳水救人，以免碰伤。如果没有下水，应该为营救者准备救生圈、绳索、小船等，以防发生意外。

3．对于还在挣扎的落水者，使其保持镇静，采用从后部接近的方法，防止被抱住。万一被落水者抱住，可以使自己与被救者自然下沉，落水者就会放手。

4．应首先将落水者头部托出水面，使他尽快呼吸空气。对于意识丧失者可以在水中提供口对口的人工呼吸，进行越早，落水者生还的可能性越大。

5．用一只手从腋下搂住溺水者，用侧泳的方式游向最近的岸边。

如何对溺水者急救？

1．保持呼吸道通畅。清除其口、鼻腔内的水、泥及污物。

解开衣扣、领口，并注意保暖。必要时用干净的纱布、手帕把舌头包裹着拉出，以保持呼吸道通畅。

2.控水。急救者一腿跪在地上，另一腿屈膝，将溺水者腹部放在膝部，使其头部尽量下垂，用手压背部，便于胃内积水倒出；或从后抱起溺水者的腰部，使其头向下，使水倒出来。（图11.1）

3.溺水者体内的积水排出后，要立即进行人工呼吸。

4.溺水者的心跳和呼吸恢复后，可用干毛巾摩擦全身，从四肢、躯干向心脏方向摩擦，以促进血液循环。

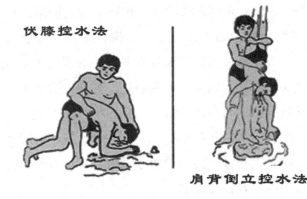

图11.1　正确的控水方法

想一想

什么是控水，为什么进行人工呼吸前要先控水？

5. 立即拨打"120"急救电话,严重者尽快送医院进一步诊治。

游泳健将——海豚

海豚属鲸目,是哺乳动物。它们的祖先生活在大陆上,由于大陆的变迁而被迫进入水中。海豚种类繁多,分布在海洋和江河里。江河里的海豚是淡水海豚,我国独有的白鳍豚只生活在长江中,是四种淡水海豚之一。海豚是大海中的游泳健将,它的疾游速度可达每小时100公里,合每秒钟27米,而消耗的功率却不大。它的运动效率比船只要高出6倍~7倍。海豚游速又高又省力的原因有两个:一个是流线型的体形,一个是特殊的皮肤构造。水中运动物体所受的阻力大小与物体周围的液流结构有关。如形成"层流",不产生漩涡,则水的阻力最小。否则,造成"紊流",阻力就会增大而影响速度。海豚的形体和光滑的表皮就不至于造成严重的"紊流",而其特殊的皮肤构造还能将"紊流"变为"层流"。海豚的表皮里面是海绵状结构,有很多乳突,乳突之间充满液体。这种结构在机能上犹如无数充满液体的细管,在皮肤表面受到紊流的压力变化时,液体随着这种压力变化,流出或流入细管。在这个过程中,紊流的部分能量就被吸收,从而将紊流变成了层流。海豚游泳的奥秘已经在生产上得到了应用,按照海豚的形体改进船壳设计取得了良好效果。日本船舶设计师把船的水下部分设计成豚体型,从而使船体受到的阻力减小了20%。有一种新核潜艇,仿照海豚体型进行改造,航速提高了

20%~25%。美国海军研究部门根据海豚皮肤的结构特点，仿制成人工海豚皮。这种海豚皮厚2.5mm。外层质地光滑柔软，中间层具有许多乳头状突起，突起之间的空隙里充满粘滞的硅树脂缓冲液，里层作为与船壳接触的支持板。把这种人造海豚皮包在鱼雷表面，鱼雷所受的水的阻力可减少50%。这种人造皮也已在小型船只上应用，航速也显著提高。

（资料来源：绍东《游泳健将——海豚》）

第十二章 火灾

　　祝融是我国长期以来被广泛祭祀的火神，他不但是管火的能手，而且发现了击石取火的方法，还发明了火攻战法。这个传说反映了人类同火灾作斗争的一种希冀，寄希望于火神能给人们带来更多的光明和幸福，驱除邪恶，消灾免祸。

校园火灾警示录

2008年5月5日，中央民族大学某女生宿舍因室内电线短路引发火灾，上千人紧急疏散，部分学生物品被烧损。11月6日，北京体育大学某研究生宿舍因为使用"热得快"引发火灾，紧急疏散500余人，部分学生物品被烧损。11月14日上海商学院宿舍楼发生火灾，由于学生使用违章电器导致线路起火，引燃周围可燃物。四名女大学生慌不择路从六楼跳下当场身亡。2009年3月16日，中央美术学院宿舍发生火灾，过火面积3000平方米，造成一人受伤，火灾原因是接线板发生漏电故障。

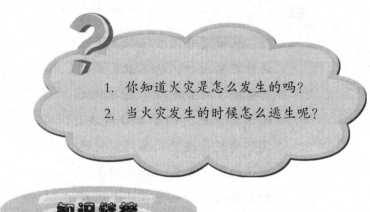

1. 你知道火灾是怎么发生的吗？

2. 当火灾发生的时候怎么逃生呢？

知识链接

怎样认识和利用火？

在人类发展的历史长河中，火的利用具有里程碑意义，它燃尽了茹毛饮血的历史，点燃了现代社会的辉煌。正如传说中所言，火是具备双重性格的"神"：有时是人类的朋友，给我们带来文明进步、光明和温暖；有时是人类的敌人，失去控制的火，就会给我们造成灾难。

人类能够对火进行控制和利用，是人类文明进步的一个重要标志。人类使用火的历史与同火灾作斗争的历史是相伴相生的，人们在用火的同时，不断总结火灾发生的规律，尽可能地减少火灾及其对人类造成的危害和损失。

火灾容易在哪些场所发生？

1. 娱乐场所。娱乐场有大量可燃易燃物品，极易引发火灾事故。娱乐场所里未熄灭的烟头、燃烧的火柴棍、液化气泄漏、电热器具和电气线路老化、电气设备布置不规范造成短路都可能引发火灾。

2. 学校宿舍。学生宿舍发生火灾，大部分是乱接电线、违章用火用电引起的，如使用大功率电炉、电热器，导致电路超负荷而引发的火灾。在室内焚烧信件、抽烟、床头点蜡等，也会容易引起火灾。

3. 宾馆酒店。宾馆、酒店内部存有大量的可燃、易燃装饰材料、生活用品和办公用具，而且人员多，用火用电也多，容易引发火灾并迅速蔓延。

4. 商场超市。市场、超市的特点是经营面积大，易燃、可燃物品多，人员流动大，电气设备品种繁多、线路复杂，长时间使用容易发生短路，导致火灾。火势也容易蔓延迅速，人员疏散困难。

温馨提示

火灾对人的生命有两个危害：一是浓烟毒气致人窒息；二是火焰的烧伤和强大的热辐射致人烧伤。很多人在火场中都是先被烟气熏晕导致中毒窒息，而后又被火烧伤。浓烟还会影响人们的视线，使人看不清逃离的路线而陷入困境。

拨打火警电话应注意哪些事项？

我国通用的火警电话是"119"。向公安消防队报警时，不要急于挂电话，要冷静地回答接警人员的提问，讲清以下内容：

1. 发生火灾的详细地址。应讲清着火单位、所在区县、街道、门牌号等详细地址；如果不清楚，要说出地理位置，或周围明显的建筑物和道路标志。

2. 起火物。最好讲明着火房屋是什么建筑，如棚屋、砖木结构、新式工房、高层建筑等。尤其要注意讲明起火物为何物，如液化气、汽油、化学试剂、棉花等。

3. 火势情况。具体描述如只见冒烟、有火光、火势猛烈以及有多少间房屋着火等。

4. 报警后还应到路口接应消防车。

青少年朋友们要注意不能随意拨打火警电话，假报火警会扰乱警察的正常工作，这是扰乱社会公共秩序的违法行为。

如何使用灭火器？

学校和居民楼一般都备有简易的灭火装置。青少年朋友掌握了灭火器的使用方法，在火灾刚发生时就能将其扑灭，可以大大减少人员伤亡和财产损失。

1. 手提式泡沫灭火器。适合于油类及一般物质引起的初起火灾。使用时，用手握住灭火机的提环，平稳、快捷地提往火场，不要横扛或横拿。灭火时，一手握住提环，另一手握住筒身的底边，将灭火器颠倒过来，喷嘴对准火源，用力摇晃几下，即可灭火。

2. 手提式干粉灭火器。适合于油类、可燃气体、电气设备等引起的初起火灾。使用时，先打开保险销，一手握住喷管，对准火源，另一手拉动拉环，即可扑灭火源。

温馨提示

1. 不要将灭火器的盖与底对着人体，防止盖、底弹出伤人。

2. 不要与水同时喷射在一起，以免影响灭火效果。

3. 扑灭电器火灾时，尽量先切断电源，防止人员触电。

如何识别安全标识？

广大青少年要特别注意设在醒目位置的安全标识，防止引发不必要的火灾。一旦发生火灾可以迅速做出反应。青少年应认识常用安全标识（见彩页）：

火灾防范与逃生

如何预防火灾的发生？

1．点燃的蜡烛、蚊香等应放在专用的架台上，远离窗帘、蚊帐等可燃物品。到床底、阁楼处找东西时，把蜡烛、打火机等明火换成手电筒等安全的照明物。

2．私拉乱接电线、随意拆卸电器有可能造成电器失火，养成用完电器后随手拔掉插销的好习惯。

3．发现燃气泄漏时，要关紧阀门，打开门窗，千万不能触动电器开关和使用明火。

4．不在阳台上、楼道内和易燃物品附近烧纸片和燃放烟花爆竹，否则就有可能发生火灾。（图12.1）

5．吸烟危害健康，青少年不要吸烟。如果吸烟的话不要乱扔烟头，并且烟头要及时掐灭。

6．在野外，如果天气比较干燥，不要随身携带火柴、打火机等火种。

7．平时在学校、社区应经常进行消防演习，了解火场逃生方法。

图12.1　不要在禁放区燃放烟花爆竹

8．离家或睡觉前要检查常用电器是否断电，燃气阀门是否关闭，明火是否熄灭。（图12.2）

图12.2　离家前要关闭电源

火灾发生时怎样逃生？

遭遇火灾，千万不能惊慌失措，要坚持先逃生原则，冷静地确定自己所处位置，根据周围的烟、火光、温度等分析判断火势，采取正确有效的方法自救逃生，减少人身伤亡损失。

身处平房

如果门的周围火势不大，应迅速离开火场；如果火势大就要尽快采取保护措施后再离开火场，如用水淋湿衣服、棉被等包住头部和上身。

身处楼房

（1）发现火情不要盲目打开门窗，否则有可能引火入室。首先用手背去接触房门，试试房门是否已变热。如果是热的，就不能开门。如果房门不热，火势可能还不大，可以通过正常途径离开房间。

（2）不要慌忙乱跑，更不要跳楼逃生，这样会造成不必要的伤亡。可以跑到居室里或阳台上，把门窗紧闭，等待救援，期间还可以不断向门窗上浇水降温，以延缓火势的蔓延。

（3）在楼房内逃生时切不可乘坐电梯，应走防火通道脱险。因为失火后电梯竖井往往成为烟火的通道，随时可能发生故障。（图12.3）

（4）当火势太大时，可从二层窗口处顺窗滑下，但要选择不坚硬的地面，并且要从楼上先扔下被褥等增加地面的缓冲。要尽量缩小下落高度，做到双脚先落地。

图12.3　遇到火灾时不要乘坐电梯

（5）可以将绳索、床单等连接起来，一头系在窗框上，而后顺绳索滑落到地面。

 公共场所

酒店、影剧院、超市、体育馆等场所人员密集，一旦发生火灾，常因人员慌乱、拥挤而阻塞通道，发生互相践踏的惨剧，因此掌握正确的逃生方法至关重要。

（1）发现初起火灾时，要保持头脑清醒，千万不要惊慌失措、盲目乱跑，应用楼层内的消防器材及时灭火。

（2）火势蔓延时，用衣服遮掩口鼻，弓着身体，浅呼吸，快速、有序地向安全出口撤离。不要大声呼喊，防止有毒烟雾进入呼吸道。离开房间后，应关紧房门，将火焰和浓烟控制在一定的空间内。

（3）当火势太大，无法从门口逃生时，利用公共场所避难层、室内设置的缓降器、救生袋、应急逃生绳等进行逃生。

（4）逃生无路时，应靠近窗户或阳台，关紧迎火门窗，向外呼救。

 车上

（1）当汽车发动机起火时，应该让司机迅速停车，切断电源，用随车灭火器对准着火部位灭火。

（2）当汽车被撞后起火时，先设法救人，再进行灭火。

（3）当公共汽车在运行中起火时，立即请司机停车并开启所有车门，让乘客有秩序地下车。然后迅速用随车灭火器扑灭火焰。若火焰封住了车门，乘客可用衣服蒙住头部，从车门冲下，或用安全锤打碎标有"应急出口"的侧窗玻璃，从车窗逃生。

简单火灾该怎样处理？

1. 家用电器或线路起火。要先切断电源，选用气体或干粉灭火器灭火，不可以直接泼水灭火，防止触电或电器爆炸伤人。如果电视机起火，还要谨记灭火时只能从侧面喷向电视机，以防显像管爆炸伤人。

2. 家具、被褥等物品起火。用身边可盛水的物品向火焰上泼水，也可以把水管接到水龙头上喷水灭火，并把燃烧点附近的可燃物泼湿降温。

3. 燃气罐、油锅着火。迅速关闭阀门，并将被褥、衣物等用水浸湿，盖在着火处。

4. 衣服着火。迅速脱下着火的衣服，用脚踩灭或浸入水中。

若来不及脱衣服，可以就地打滚，使身上的火熄灭。切记不要乱跑。

5. 身上着火。如果火星飞到身上引燃了衣服，千万不要惊慌，也不要乱跑。应该将着火的外衣迅速脱下来，趴倒在地上来回滚动，利用身体隔绝空气，扑灭火焰，但在地上滚动的速度不能太快，否则火不容易被压灭。如果旁边正好有水也可直接用水浇，但不能用灭火器直接往水体上喷射，因为这样做很容易使烧伤的创伤面感染细菌。

挽救了伦敦的大火

1665年，欧洲鼠疫大流行，仅伦敦地区就死亡六七万人以上。鼠疫由伦敦向外蔓延，人们在极度恐惧之下想出了各种方法：使用通便剂、催吐剂、放血疗法、烟熏房间、烧灼淋巴肿块并在上面放置干蛤蟆，或者用尿洗澡，甚至通过医生凝视患者来"捉住"疾病。

但是这些方法根本不能解决鼠疫的问题，直到1666年9月10日，伦敦一家面包店发生的火灾，才为这次鼠疫画上了句号。当时伦敦非常干燥，加上伦敦以木质建筑为主，火势迅速蔓延至整个城市，连烧了三天三夜，第四天被扑灭，这场大火是伦敦历史上最严重的火灾。可让人意想不到的是鼠疫竟然彻底从英国消失了。原来，这场大火几乎烧死了伦敦市所有的老鼠，城市卫生环境大幅度改善，伦敦因祸得福。

（资料来源：百度百科）

第十三章　交通事故

　　道路交通事故已经成为全球公共问题，尤其值得警惕的是，青少年也是车祸的主要受害者。全国平均每天因交通事故而死亡的有400余人，其中8%左右是学生，相当于每天消失1个班的学生。如何防止交通事故对青少年的伤害显得尤为迫切和重要。

灾情回放

道路"幽灵杀手"

2009年3月12日，沪昆（上海—昆明）铁路芷江段冷水铺至波州区间，一列行驶的货车撞向7名小学生，造成4人死亡，1人重伤，2人轻伤。发生事故时，正值附近小学的学生下晚自习时间。事故地段没有加设围栏装置。

据不完全统计，每年我国有超过18500名青少年死于道路交通事故，是欧洲的2.5倍，美国的2.6倍。交通事故已经成为中国儿童意外伤亡的第二大原因。在上海，青少年交通事故死亡率已接近万分之二，交通事故已经成为上海中小学生意外死亡的首要原因。中国疾病预防控制中心的调查显示，在青少年交通事故中，超过四分之三的孩子是在道路上受伤的，不良骑车习惯和违反交通法规均是事故发生原因。

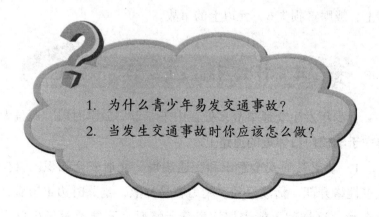

1. 为什么青少年易发交通事故？
2. 当发生交通事故时你应该怎么做？

知识链接

交通事故怎样分类？

交通事故是指由车辆造成人身伤亡或财产损失的事件。它可能是由驾驶员违规驾驶造成的，也可能是由于地震、台风、山洪、雷击等不可抗拒的自然灾害造成的。一般而言，道路交通事故主要分为以下四类：

1. **轻微事故**，是指一次造成轻伤1至2人，或机动车事故损失不足1000元，非机动车事故损失不足200元的事故。

2. **一般事故**，是指一次造成重伤1至2人，或轻伤3人以上，或财产损失不足3万元的事故。

3. **重大事故**，是指一次造成死亡1至2人，或重伤3人以上10人以下，或财产损失3万元以上不足6万元的事故。

4. **特大事故**，是指一次造成死亡3人以上，或重伤11人以上，或死亡1人，同时重伤8人以上，或死亡2人，同时重伤5人以上，或财产损失6万元以上的事故。

青少年为什么容易发生交通事故？

青少年发生交通事故多处在中午、下午放学时段，而且大多集中于学校门口邻近的道路上。

1. 缺乏交通安全意识和交通法规、交通安全知识。青少年大多性格开朗、活泼好动，精力容易分散，走路时边走边看，心不在焉，这样就不能密切注意路上情况，不能及时做出反应躲闪。

2. 盲目自信。青少年对路上拥挤的车流已经习以为常，有时即使走在路中间，甚至强行穿越马路也不慌不忙，极易发生车祸。

3. 学校附近缺少明显的警告、指示标志，斑马线模糊不清，不能引起驾驶人警觉。

4. 学校和家长的交通安全教育没有充分落实到位。

道路交通安全标志主要包括哪些？

交通标志是用图形符号和文字传递特定信息，用以管理交通、指示行车方向以保证道路畅通与行车安全的设施。适用于公路、城市道路及一切专用公路，具有法令的性质，车辆、行人都必须遵守。

公路交通标志分为主标志和辅助标志两大类。主标志中有警告标志、禁令标志、指示标志和指路标志四种（见彩页）。警告标志用于警告车辆、行人注意危险地点，颜色为黄底、黑边、黑图案，形状为等边三角形，顶角朝上。禁令标志用于禁止或限制车辆、行人交通行为，颜色为白底、红圈、红杠、黑图案。指示标志用于指示车辆、行人行进，颜色为蓝底、白图案，形状为圆形、长方形或正方形。指路标志用于传递道路方向、地点、距离信息，颜色一般为蓝底、白图案，形状除地点识别标志外，均为长方形或正方形。辅助标志是附设在主标志之下，起辅助说明作用的标志，表示时间、车辆种类、区域或距离、警告、禁令理由等类型。

交通事故防范

 青少年怎样注意交通安全?

行走时

（1）过马路时要注意观察交通信号灯的变化。红灯亮时，不能过马路；绿灯亮时，也要确定没有车来，才可以过马路；如果马路过了一半时，信号灯变了，要赶快过马路，千万不要惊慌。

（2）在穿过没有交通信号灯的人行横道时，应当左右观察往来车辆的情况，确认安全后再过马路；不要在车辆临近时突然穿过或者中途倒退、折返。

（3）不在车行道内停留、嬉闹；不要追车妨碍道路交通安全；过马路时，要走人行横道，如果没有人行横道，就要走过街天桥或地下通道；在列队通过道路时，最多两个人一排。

（4）不能跨越马路上的护栏或隔离墩，以免被马路两侧高速行驶的车辆撞伤。

骑自行车时

（1）上马路前要检查自行车的车轮、车闸、车铃等是否能正常使用，以免上路后发生危险。

（2）骑自行车要走自行车专用道，靠右侧行驶，不要逆行；不要在人行道或机动车道行驶；车把上不要挂东西，否则会影响车转弯；骑车时不要带人、单手扶把或撒把，易出危险。

（3）遇到上陡坡时尽量下车步行，不要用力蹬车向前冲，这样很容易使自行车左右摇摆，与下坡的车辆相撞；下坡时要减速刹车，以免失控或遭遇突发情况；骑车转弯时，要减速，先伸手示意，看没有行人或车辆挡住时，再转弯。

乘车时

（1）乘坐公共汽车，要等车停稳后，排队上下，先下后上，不要拥挤；不要带鞭炮、汽油、酒精等易燃物品上车，以免发生爆炸、起火（图13.1）。

乘车时要等车停稳后再上车，先下后上，不要拥挤。不要携带酒精、汽油、烟花爆竹等危险品上车。

图13.1 不要带危险品上车

（2）汽车开动后，要扶好、站好、坐稳，以免在开车、刹车时跌倒或撞伤；不要扒车门，很容易发生危险；汽车行驶中，不要将头、手、胳膊等伸出窗外；不要往窗外扔东西和与司机交谈，以免影响他人。

（3）打车时，不要到马路中间去，也不要强行拦车，以免发生危险。乘坐小汽车时，要系好安全带，可以有效保证安全。

坐船时

（1）不要乘坐无证船只和冒险航行的船舶；不乘坐超载的船只或人货混装的船舶。

（2）按顺序上下船，不要拥挤、争抢，以免造成挤伤、落水等事故；船上的许多设备都与安全保障有关，不要乱动，以免影响正常航行；不在船头、甲板、护板以外等地方玩闹，以防落水；不拥挤在船的一侧，以防船体倾斜，发生事故。

（3）如果天气改变，不要在甲板上停留；夜间航行时，不要用手电筒向水面、岸边乱照，以免引起误会或使驾驶员产生错觉而发生危险。

（4）一旦发生意外，要保持镇静，听从船员的指挥。

发生车祸怎么办？

1. 看见别人被车撞到，要立即拨打"120"急救电话。如果车祸现场有危险液体漏出，或有毒气排出时，提醒在场人员尽快远离事故现场。

2. 如果肇事车辆逃逸，要将车牌号记住，然后立即通知警察。

3. 车祸发生后，可能会出现四肢骨折、脊椎骨折和骨盆骨折等症状。现场处理不好往往会形成截瘫。因此，遇到可能是骨折时，应使伤者保持安静，不要做任何活动。

4. 发生车祸后要根据《道路交通事故处理办法》获取理赔。

（图13.2）

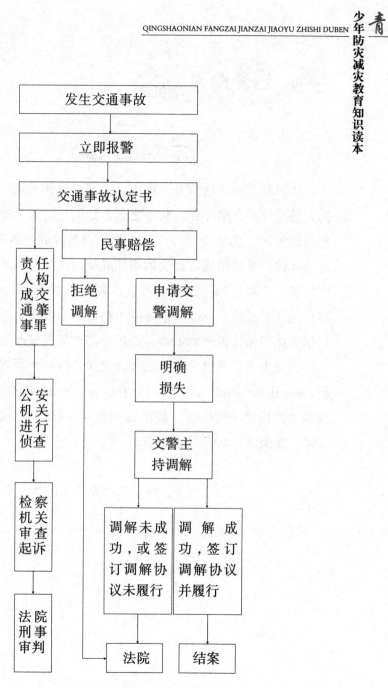

图13.2　交通事故处理流程图

车祸引出《飘》

1926年，在一次意外车祸中，记者出身的米切尔不幸脚部受伤，被迫退职在家疗养达数年之久。她的丈夫为了减轻她在治疗期间的无聊，劝她动手写作，作为辅助治疗和心智锻炼的手段。经过考虑，米切尔决定以美国南北战争为背景，以自己早年的爱情纠葛为素材，写一部长篇小说。经过近10年写作，1936年这部小说终于脱稿，一经问世便成为畅销的小说作品。1937年，米切尔凭此作品获得普利策奖，随后这部作品又被改编成电影，连电影也成为了美国电影史上的经典之作。这部小说就是传世巨著《Gone with the wind》（《飘》）。在作者去世27年之后，该书依然高踞美国畅销小说榜首。截止到1993年，《飘》已被译成数十种文字，在全球近40个国家销售。

（资料来源：云海《世界名著诞生趣闻》）

第十四章 紧急救援

天有不测风云，人有旦夕祸福，每个人都可能与灾难不期而遇，因此青少年要对灾难保持警惕意识，更要掌握一些简单的紧急救援知识。灾难发生的时候，平时积累的相关小知识就会起到非常重要的作用。

怎样拨打110报警电话？

"110"免收电话费，投币、磁卡等公用电话均可免费拨打。

1. 报警人在拨打"110"电话时，会首先听到中英文双语提示音："你好，110报警服务台"，而后会有接警员受理你的报警救助。如果听到"这里是公安局'110'报警服务台，接警正忙，请稍候"的提示音时，应耐心等待，不要挂机，过一会儿就会有昼夜值班的接警员接听电话。

2. 报警时，要讲清楚案发的时间、方位、报警事由、案情大小、现场情况、报警人的姓名、单位和联系电话。要注意倾听接警人的询问，给予准确、简洁的回答。

3. 如果对案发地不熟悉，可提供现场具有标志性的建筑物、大型商场、公交车站、单位名称等。

4. 报警后，要注意保护现场，以便民警到场提取物证。

5. 未成年人遇到抢劫、强奸、群体斗殴事件等，应首先保护好自身安全，并及时报警。

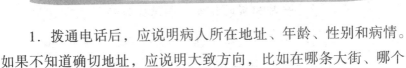

怎样拨打"120"医疗急救电话？

1. 拨通电话后，应说明病人所在地址、年龄、性别和病情。如果不知道确切地址，应说明大致方向，比如在哪条大街、哪个建筑物附近。

2. 说明病人的典型发病特征，如胸痛、意识不清、呕血、呕吐不止、呼吸困难等。

3. 说明病人患病或受伤时间，如果是意外伤害，要说明伤害的性质，如触电、溺水、爆炸、中毒、交通事故等，还要说明受伤者的受伤部位和情况。

4．如果有特殊需要须明确提出，了解救护车大致到达的时间，准备接车。

青少年切不可把拨打报警电话和急救电话当作游戏，随意拨打。这会影响其他市民的报警和求救，妨碍公安人员执行公务和医护人员的正常工作。对随意拨打电话者，要视情节轻重和造成的后果追究相应责任。

如何避免触电？

1．电线、插座、手机、充电器等不能当作玩具，容易发生触电事故。

2．不要用湿布、湿纸和沾有水的手擦拭灯管、灯泡以及触摸插销、插座（图14.1）。

3．家用电器如电脑、洗衣机、空调、电冰箱、微波炉、电热炉等都要按照说明书正确操作。

4．损坏的开关、插销、电线、电器等应赶快修理或更换，不能凑合使用。

5．电气设备不要乱拆、乱装，更不要乱接电线。

6．发现有人触电，要立即切断电源。无法切断电源时，不能直接用手去拉救，要用木棍等

图14.1　不要用湿手拔电源

绝缘体使人和带电体脱离。（图14.2）

图14.2　用木棍等绝缘体使人和带电体脱离

烫伤了怎么办？

1. 局部呈现红肿的轻微烧烫伤，仅伤及表皮，要立刻将烫伤处浸在凉水中进行"冷却治疗"，达到降温、减轻余热损伤、减轻肿胀、止痛和防止起泡的作用，将冰块敷于伤处效果更佳。然后用鸡蛋清、万花油或烫伤膏涂于烫伤部位，3~5天即可自愈，一般不用包扎。如果表皮破裂，则需要简单包扎。（图14.3）

2. 如果伤处长起了水泡，烧烫伤者经"冷却治疗"一定时间后，仍疼痛难受，这时不能弄破水泡，防止感染，要到医院进行治疗。

3. 对于重度烧伤患者，应立即用清洁的纱布简单包扎，避免污染和再次损伤，创伤面不要涂擦药物，保持清洁，迅速送往医院治疗。

4．穿着衣袜或鞋子的部位被烫伤，不要急着脱去被烫部位的衣袜或鞋子，以免感染。

到目前为止，人患狂犬病还没有有效的治疗方法。所以，预

用冷水冲洗伤口

用药物消毒与包扎

图14.3　轻微烫伤处理

 被猫狗咬伤怎么办？

防狂犬病就成为关键。被猫狗咬伤后，应立即采取以下预防措施：

1．用清水或肥皂水至少连续冲洗15分钟。

2．用碘酒或酒精消毒伤口，不要包扎伤口。

3．及时到附近防疫站就诊，处理伤口，注射狂犬病疫苗，并注射破伤风抗毒素，预防破伤风。

温馨提示

1．和猫狗打交道，要避免做任何突然性动作，如突然跑跳、大喊大叫等。

2．路上的小狗朝你狂叫示威时，不要和它的目光直接接触。

3．避开凶狗也是防身妙策。

家庭受到有害气体威胁时怎么办？

家庭常遇有害气体包括：天然气、煤气、液化气，如果发现有害气体，要保持冷静，采取以下措施：

1．立即关闭燃具开关、旋塞阀、球阀。

2．勿动电器，打开和关闭任何电器都可能产生微小火花，引起爆炸。

3．打开门窗，使空气流通，以便有害气体散发。（图14.4）

4．要和家人、亲戚朋友一起离开房屋，到屋外等待有害气体散去后才可返回。

图 14.4　发现有害气体泄漏要立即开窗通风

5．如果有人中毒，应把病人抬到空气新鲜的地方。在安全的地方打急救电话，病人没有心跳、呼吸时，立即做心肺复苏。

气管异物在体内停留的时间越久危险越大，必须尽早取出，以避免发生窒息。

1．用力咳嗽。咳嗽是身体的一种自我保护方式，通过咳嗽可以将异物排出。

2．冲击腹部。当咳嗽无效时，可进行急救。

（1）站位：救护者站在病人的身后，单脚抵于病人两腿之间，双臂环绕病人腰部。对于儿童，可单脚跪地进行操作。

（2）定位：一手握拳，拳头拇指面贴于病人肚脐上约两横指处，另一手抱紧拳头，使病人弯腰。

（3）冲击：双手同时以向内向上的方向用力冲击，直至异物冲出。

温馨提示

为了防止异物进入气道，青少年在日常生活中应避免以下行为，保护自身安全。

（1）不要将硬币、钮扣、小玩具等细小物件含在口中玩耍。

（2）尽量不要躺在床上吃东西，或含着食物睡觉；吃东西时切不可边吃边嬉笑玩耍；泡泡糖、果冻等食物尽量少吃。

（3）将食物切成较小的细块并充分咀嚼；口中含有食物时，应避免大笑、讲话、行走或跑步。

发现有人昏迷怎么办？

处理昏迷的原则是迅速、果断、细心谨慎，切忌慌乱和轻举妄动。

1. 把昏倒者放平，躺在较舒适的地方，使其头低脚高(低与高均不超过30度)。切记不要乱搬动，除非昏倒在有火、水、电和毒物之处。

2. 保持周围空气清新和流通。应迅速解开病人的领口和腰带，以利于呼吸。

3. 如果昏迷者不能很快苏醒，要立即拨打"120"急救电话，送往医院治疗。

怎样止血?

1. **指压止血法**。该法是动脉出血最迅速的一种临时止血法，其做法是用拇指按压在出血血管上方（近心端）的动脉压迫点上，使血流中断或使伤口部位抬升至心脏以上的位置，以立即止住出血，但仅限于身体较表浅、易于压迫的动脉。

2. **加压包扎止血法**。用消毒纱布或干净的毛巾、布块折叠成比伤口稍大的垫盖住伤口，再用绷带或折成条状布带或三角巾紧紧包扎，其松紧度以达到止血目的为宜。这种止血方法适用于上下肢、肘、膝等部位的动脉出血，但有骨折或可疑骨折或关节脱位时，不宜使用此法。

3. **止血带止血法**。适用于不能用加压止血的四肢大动脉出血。方法是用橡皮管或布条(1米长、5公分宽）缠绕伤口上方肌肉多的部位打一个结，松紧度以摸不到远心端的动脉搏动、伤口处稍微滴血为宜。缠绕止血带的时间不要超过2小时，要每隔1小时放松一次，每次2分钟左右。为避免放松止血带时大量出血，放松期间可改用指压法临时止血。

怎样进行人工呼吸?

人工呼吸是在病人停止呼吸情况下现场急救最常用的方法之

一。人工呼吸方法很多，常用的有口对口呼吸法、仰卧压胸人工呼吸法。但仰卧压胸法对于溺水者及胸部创伤、肋骨骨折者不适用。

 口对口呼吸法（图14.5）

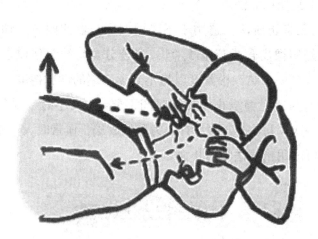

图14.5　口对口人工呼吸示意图

（1）解开患者衣服，清除口内异物，出现舌头后坠应拉出。保持病人仰卧，面部向上，颈后部垫一软枕，使其头尽量后仰。

（2）急救者位于病人头旁，一手捏紧病人鼻子，以防止空气从鼻孔漏掉，然后深吸一口气，对着病人的口吹气，在病人胸壁扩张后，停止吹气，让病人胸壁自行回缩，呼出空气。每隔5秒钟一次，反复进行。

（3）吹气要快而有力。要密切注意病人的胸部，如胸部有活动后，立即停止吹气，并将病人的头偏向一侧，使其呼出空气。

 仰卧压胸人工呼吸法（图14.6）

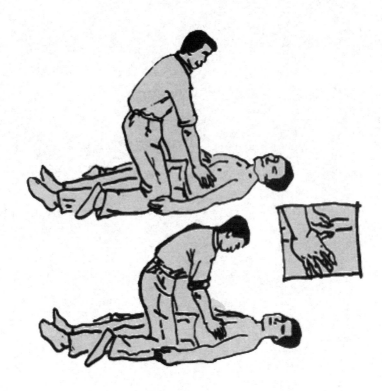

图14.6　仰卧压胸人工呼吸法示意图

（1）伤病员取仰卧位，背部可稍加垫（可用棉衣等物代替），使胸部凸出，脸偏向一侧。

（2）将伤病员舌头拉出，以免堵塞气管。

（3）救护人员屈膝跪于伤病员大腿两旁，两手分别放于其乳房下面，大拇指向内，靠近胸骨下端，其余四指向外，放于胸肋骨上。

（4）向下稍向前压。

（5）按上述动作约每5秒钟1次，反复有节奏地进行。

附　录

 常用便民电话

特种服务	电话号码	保险	电话号码
匪警	110	中国人保	95518
火警	119	中国人寿	95519
急救中心	120	中国平安	95511
交通事故	122	太平洋保险	95500
公安短信报警	12110	太康人寿	95522
水上求救专用电话	12395	新华人寿	95567
天气预报	12121	政府机构	电话号码
报时服务	12117	供电局	95598
森林火警	95119	文化市场综合执法	12318
红十字会急救台	999	投诉举报	电话号码
通信服务	电话号码	消费者申诉举报	12315
中国移动客服	10086	价格监督举报	12358
中国联通客服	10010	质量监督电话	12365
中国电信客服	10000	环保局监督电话	12369
电话及区号查询	114	民工维权热线电话	12333

防灾减灾法律法规

1. 中华人民共和国突发事件应对法

2. 中华人民共和国防震减灾法

3. 中华人民共和国防洪法

4. 中华人民共和国传染病防治法

5. 中华人民共和国食品卫生法

6. 中华人民共和国消防法

7. 中华人民共和国道路交通安全法

8. 中华人民共和国公益事业捐赠法

9. 中华人民共和国防汛条例

10. 国家地震应急预案

11. 国家突发地质灾害应急预案

12. 国家防震减灾规划（2006–2020年）

13. 国家自然灾害救助应急预案

14. 民政部救灾应急工作规程

15. 民政部救灾捐赠工作规程

16. 地质灾害防治条例

17. 救灾捐赠管理办法

18. 汶川地震抗震救灾生活类物资分配办法

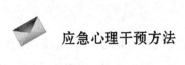 **应急心理干预方法**

疏导法

疏导技术也称情绪排泄技术，是对突然遭到心理打击的受灾者进行疏通引导，以达到快速降低心理压力、恢复自身控制能力的一种心理救助技术。心理救助工作者针对被救助者的心理应激情况，以准确、鲜明、生动、灵活、亲切的语言，分析、确定这种心理状况的根源、成因、本质和特点，激励、鼓舞被救助者增强同灾害作斗争的勇气和信心，教给被救助者战胜自身心理问题的方法和步骤，充分调动其主观能动性，使其提高自我领悟、认识和矫正的能力，促进其心理向好的方向发展，以减轻、缓解并消除应激行为反应症状。

倾听法

倾听技术是一种基本的快速心理救助技术。心理受到强烈灾害打击的幸存者一般出现一些躯体和情绪上的障碍，就可以使用倾听法。使用倾听法应注意以下几点：

1. 开放式提问。开放式提问会鼓励被救助者完整地叙述经过并深入地表达其内涵，常会引出有关求助者感情、思维和行为方面的内容。例如，要求叙述"请告诉我……""在什么情况下……""你打算……"。

2. 救助者用第一人称来表达。心理救助者在救助过程中处于指导地位，需要帮助失去能动性和心理失衡的求助者。心理救助者会发现应用这些提问方式对心理救助过程中处理某些特殊问题非常有用。

3．心理救助者不应该采用不懂装懂式的陈述。心理救助者不懂装懂会使被救助者产生不信任感，或依赖于那些博学多才的人。救助者糊涂，那么正在听讲的被救者就会更加糊涂。承认自己糊涂或有挫折了，并进行澄清，能使信任强化。施救者和被救者都减少假装或伪装行为，更加开诚布公地沟通和交谈，被救助者就能主动地与救助者配合。

4．不要妄加评判被救者的人格。救助者合理地运用正强化可以与被救者建立良好的救助关系。倾听时救助者要适当地给予反馈，使被救助者内心感到自己得到救助者的重视与关心。

5．心理救助工作者必须全神贯注于求助者。第一，全部的精力集中于求助者；第二，领会求助者言语和非言语的交流内容；第三，捕捉到求助者准备与别人特别是工作者进行情感接触的状态；第四，通过言语和非言语的行为表现方式，建立信任关系，使得求助者相信心理救助的过程。

激情宣泄法

针对救援队员出现的一些躯体障碍，如四肢无力、瘫软、大小便失禁以及极度恐惧等，使用激情宣泄技术具有较好的救助效果。

在情绪宣泄时不要停止喊叫；继续喊叫时，用力挥舞拳头、踢腿或奔跑，使内心受到震荡；在喊叫中体验自信心和控制力的增强；停止喊叫，活动身体。用激情宣泄技术对救援队员或受灾者进行应急心理救助时，一定要在封闭或在隔音效果良好的地方进行，这样可以无所顾忌地进行激情宣泄，否则宣泄受阻就会失去其疗效。

放松法

放松技术是一种辅助性快速心理救助技术。当人心理受到强烈打击，就可能会出现躯体障碍症状。该技术主要是降低被救助者的身体和心理压力，减轻被救助者的躯体障碍症状，最大限度地降低灾害造成的损失。

1. 身心松弛技术

找一个安静不受干扰的房间，光线柔和些更好。关上门，坐在一把舒服的椅子上，两脚平落地面，双眼微闭。注意力全部集中在呼吸上，做深呼吸，注意呼吸时要慢慢地吸入后再慢慢地呼出，保持呼吸节奏的自然状态。

注意力集中在脸部，当觉察出脸上或眼睛周围有紧绷感觉时，再把这种现象想象成是一个绳结，这个绳结正在被放松。这时，脸部肌肉也随之同步松弛。当脸部和眼睛周围的肌肉放松以后，再仔细体会这种松弛感，并把这种感觉向身体其他部位传播，使全身达到放松，其顺序可以按从上到下，即由牙关起，经过颈部、肩部、上臂、下臂、手掌、胸部、腹部、大腿、小腿、足踝至脚部。待身体各部位放松后，保持这种舒适感，维持3分钟~5分钟准备收式复原。收式开始前，把注意力集中在房间里，眼睛慢慢睁开，松弛结束。

2. 呼吸调节技术

呼吸调节技术分为胸腹式呼吸交替训练、意念性深呼吸训练和按摩式呼吸训练。

胸腹式呼吸交替训练的操作方法为平躺在床上，头下垫枕头，两腿弯曲并分开相距约1厘米，两手分别置于胸部和腹部。先呼吸并隆胸，使意念停留在胸部上，此时置于胸部上的手会慢慢随之升起，然后呼气，再吸气鼓腹，使意念停留在腹部上，此时置于腹部上的手会慢慢随之升起，然后呼气。这样反复交替训练，不断体验胸、腹部的上下起伏，以及呼吸时舒适轻松的感觉。

意念性呼吸训练的操作方法为面对树林、草丛、小河、空旷地带等空气新鲜处站立，面朝前，两手自然垂于两侧，双脚后跟并拢，脚尖叉开，相距15厘米。吸气时双臂缓缓抬起，与地面平行，想象新鲜空气自十个手指进入，随手臂经肩头到达头部、颈部、胸部、腹部，然后缓缓呼气，想象浑浊空气沿着两条腿从脚趾排出，同时双臂缓缓放下呈自然垂直状。如果躯体某部位有疾患，则吸气时可用意念让新鲜空气在该部位多停留一会儿。

按摩式呼吸训练的操作方法为站立，两臂侧垂，做一次深呼吸。吸气时缓缓举起双臂，同时握拳慢慢伸向身体两侧，与躯体呈十字状，然后脚跟着地，两臂松拳恢复侧垂状。深呼吸后改做平静呼吸状，同时两只手掌分别平放在左右胸大肌上做上下按摩，再放在腹肌上做上下按摩，最后左手放在右肩上，右手放在左肩上，分别做由肩向臂、由臂向肩的按摩。按摩结束后继续深呼吸，呼吸后再按摩，如此循环往复进行，就可以得到身体的深度放松。

沟通法

针对被救助者，救助者想要得到被救助者哪些信息或被救助者内心需要救助的症结清楚地说出来。救助者应避免急躁，说清楚你能做的是什么，对办不到的事不要许诺。如果救助者对被救助者的说辞、要求或反应感到快乐、恐惧以及愤怒，等讲清楚之后就立即回到沟通主题上来。救助者在选择措辞时，必须用

"我"（或"我的"）及任何表明是"你所作的选择"的字眼，避免说："不能"、"不应该"。

救助者应该记着了解对方所需要的，避免未充分了解被救助者的话之前就拒绝。救助者通常不必道歉。每当救助者陈述、发问、提出要求，或是做任何口头沟通时，说话内容只是信息的一部分，另一个很重要的层面是非口头的，如声音高低及肢体语言。如果救助者对被救助者只讲其不能听懂的语言，其语言信息就不可能被接受，但有了暗号、手势、微笑与点头，有些事还是可以沟通的。具体沟通应该注意：不能给被救助者模糊的信息；注意语速，表达清楚，冷静平稳，和谐协调；与被救助者的高度差要适当，距离要合适；沟通时应该观看被救者的脸部而不是对准眼睛等。

情志相克法

情志相克技术适用于灾害现场救助者出现情绪异常，如过度忧伤忧虑、极度恐惧以及过度思念、愤怒、高兴；同时，也适用于灾害现场的灾难幸存者以及救助者平时训练。

人们处于惨烈的灾害现场，心理受到强烈的刺激，不管是被救助人员还是救助者，部分人员会出现非正常的"七情"或"五志"。为此，要想在灾害现场快速救助这些人，就可以使用"五行"学说的相克规律来加以制约和调整。

"五志"相克的规律如下：忧克怒，怒克思，思克恐，恐克喜，喜克忧。即：

木克土，过度忧虑损伤脾（土）制于肝（木），以怒解之；

土克水，极度恐惧伤害肾（水）制于脾（土），以思解之；

水克火，过喜伤害心脏（火）制于肾（水），以恐解之；

火克金，过度忧虑损伤肺（金）制于心（火），以喜解之；

金克木，过度愤怒伤害肝（木）制于肺（金），以忧解之。

情志相克技术可分为喜疗、怒疗、恐疗、悲疗和思疗。即过度忧伤势必肺气抑郁，意志消沉，喜悦则能使人心情舒畅；过度思虑必然造成脾气郁结，使其运化无力，发怒能使气机运行；暴喜势必造成心气涣散，神不守舍，恐惧则能使精神集中；极度愤怒必然导致火气上行，忧伤能使气消；极度恐惧势必造成肾气不固，气泄伤精，思虑能使心有所存，神有所归。

（摘自：龚瑞昆等：《灾时应急心理救助技术与方法》）

参考文献

[1] 国家减灾委员会、中华人民共和国民政部：《全民防灾应急手册》，科学出版社，2009年。

[2] 李引擎、王清勤：《防灾减灾与应急技术》，中国建筑工业出版社，2008年。

[3] 吴超、吴宗之：《公共安全知识读本》，化学工业出版社，2006年。

[4] 国家减灾委员会办公室：《避灾自救手册》，中国社会出版社，2006年。

[5] 本书编写组：《小学生生存知识读本》，北京教育出版社，2001年。

[6] 王杰秀：《新农村防灾减灾丛书》，石油工业出版社，2008年。

[7] 任洪：《灾害预兆》，中国社会出版社，2006年。

[8] 本书编写组：《地震知识百问百答》，地震出版社，2008年。

[9] 国家减灾委员会办公室：《小学生安全教育知识读本》，中国社会出版社，2007年。

[10] 公安部宣传局：《青少年紧急避险自救读本》，中国人民公安大学出版社，2008年。

[11] 陈修民：《减灾教育读本》，浙江科学技术出版社，1999年。

后　记

　　本书系河北省科协第五批社会化科普资助项目《青少年防灾减灾教育知识读本》的研究成果。撰写此书的目的旨在通过以青少年喜闻乐见的形式普及青少年防灾减灾知识，从而引起社会各界对青少年防灾减灾教育乃至生命教育的重视，增强青少年的防灾减灾意识和能力，从而达到"文化备灾"、形成"预防文化"和"生命第一"的价值观。

　　由于面对人群是青少年，本书在编写中力求采用通俗易懂的语言诠释和表达所涉及的问题，不仅查阅了大量参考文献，在内容及表述形式上多次讨论修改，经过编写组成员的共同努力，本书历时一年编写完成。

　　本书得以出版，还要感谢华北电力大学给予的资助，特别感谢大学领导、科技处领导和同仁的支持和帮助。

　　本书出版期间，得到吉林人民出版社的大力支持，编校人员为本书的出版问世付出了大量辛勤劳动，在此表示衷心感谢！

　　由于编写人员水平有限，书中难免存在疏漏和不足，祈请读者不吝指正。